最初からそう教えてくれればいいのに！

図解！ Excel VBAの ツボとコツがゼッタイにわかる本 「"超"入門編」

立山 秀利 著

秀和システム

ダウンロードファイルについて

本書での学習を始める前にサンプルファイル一式を、秀和システムのホームページから本書のサポートページへ移動し、ダウンロードしておいてください。ダウンロードファイルの内容は同梱の「はじめにお読みください.txt」に記載しております。

秀和システムのホームページ

ホームページから本書のサポートページへ移動して、ダウンロードしてください。

URL　http://www.shuwasystem.co.jp/

はじめに

仕事で毎日のように使うExcel。請求書をはじめとする定型文書の作成などのルーティンワーク、大量のセルやワークシートのコピーや加工など、日々の作業を人の手で行い、多くの手間と時間を費やしていませんか？ 「マクロ」機能を使えば、それらの作業を自動化でき、手間と時間、さらにはミスほぼゼロにできます。

仕事に役立つマクロの作成には、「VBA」(Visual Basic for Applications）という言語のプログラミングが求められます。本書はExcelのVBA（以下Excel VBA）の“超入門”です。

手前味噌で大変恐縮ですが、筆者がこの10年間で上梓したExcel VBA入門書である『Excel VBAのプログラミングのツボとコツがゼッタイにわかる本』(秀和システム)、『入門者のExcel VBA』(講談社のブルーバックス）は、おかげさまで累計12万名以上もの多くの方々にお読みいただき、ご好評をいただきました。並行して、筆者が主催するExcel VBAセミナーで、多くの初心者の方々を直接お教えしてきました。

本書はそれら筆者の長年の経験をもとに、初心者は何がどうわからないのか、どうやったら理解できるのかをより突き詰めた結晶を書籍化しました。プログラミング自体が全くの未経験の方が挫折することなく短期間で、Excel VBAの基礎の基礎を身に付けられる一冊です。たとえば、ザッと見ていただければ一目瞭然ですが、ほぼ2～3ページごとに図解や操作画面が入っているなど、先述の拙著2冊よりも入門のハードルをさらに下げた構成となっています。学習の流れも、1つのサンプルを1冊かけて順に作り上げていくなかで、随時プログラムを書いて動かします。そのため、飽きることなくサクサク読み進められ、初心者でも無理なく理解できるでしょう。

加えて、本書の大きな特長は、言語の文法やルールといった“知識”よりも、“ノウハウ”を重視している点です。ノウハウの具体的な中身は本書内で解説しますが、見本がないオリジナルのプログラムを自力で作れるようになるには、知識だけでは不十分であり、ノウハウも欠かせません。初心者はどうしても知識だけに目が向いてしまうため、いつまでたっても自力で作れず、見本の丸写しの域から抜け出せないものです。本書では、ノウハウを体感しつつしっかりと学ぶことで、自力で作れる力を着実に身に付けられます。このようにExcel VBAのツボとコツを学べ、初心者がプログラミングの第一歩を確実に踏み出せて、歩み続けられる一冊となっています。

また、あらかじめお断りしておきたいのですが、本書は超入門であり、初心者向けに学習範囲を思い切って絞っています。Excel VBAのプログラミングの基礎の基礎——樹木でたとえると“幹”——だけに特化しています。読者のみなさんはまず、本書で“幹”をしっかりと身に付けてください。“幹”がおろそかだと、そのあとの学習で挫折してしまいます。本書を卒業したら、続編である『図解！　Excel VBAのツボとコツがゼッタイにわかる本　プログラミング編』(仮)(発売予定)などで“枝”を身に付け、さらに他の書籍・Webサイトで知識の“葉”を広げてください。そういった道筋で学んでいただければ、Excel VBAを習得できるでしょう。

それでは、これから本書でExcel VBAの世界への扉を開き、日々の作業を自動化して仕事を効率化しましょう。

立山　秀利

Chapter 01 Excelのメンドウな手作業を何とかせねば！

Chapter 02

マクロとVBAのことを知ろう

Chapter 03 プログラミングのツボとコツはこれだ！

Chapter 04 請求書を自動作成するマクロを作ってみよう

Chapter 05 VBAはじめの一歩

Chapter 06

セルやシートをVBAで操作するには？

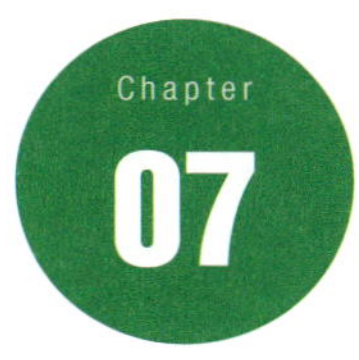

Excelのコマンドを VBAで実行しよう

Chapter 08

請求書を自動作成するマクロを完成させよう

Chapter 09　誤りを自力で見つけて修正するツボとコツ

Chapter 10
実は奥が深いプログラミング

Excelのメンドウな手作業を何とかせねば！

Chapter 01

毎日のExcel作業で消耗していませんか？

やっぱり手作業は手間も時間もかかる！

仕事などでのExcelでの作業は人の手で行うとなると、各種ベンリ機能を駆使したとしても、意外と手間がかかるものです。

たとえば、売上データから顧客ごとの請求書を作成するとします。右ページの図のように、請求書のひな形を用意しておき、まずは宛名や日付を入力します。そして、売上データの表に切り替え、フィルター機能で目的の顧客の売上データを抽出した後、クリップボードにコピーします。請求書のひな形に戻り、貼り付けたらようやく完成——と何だかんだでメンドウな作業になってしまうでしょう。ましてや作成する請求書の枚数が増えれば、手間もどんどん膨れあがっていきます。

こういった多くの手間を要する同じような作業を人の手で繰り返し行い、毎日たくさんの時間と労力を費やして消耗していませんか？

もし請求書を人の手で作成したら…

売上データ

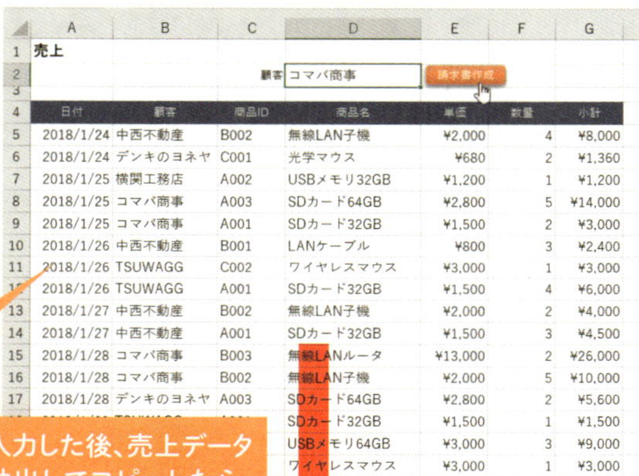

売上

顧客 コマバ商事　請求書作成

日付	顧客	商品ID	商品名	単価	数量	小計
2018/1/24	中西不動産	B002	無線LAN子機	¥2,000	4	¥8,000
2018/1/24	デンキのヨネヤ	C001	光学マウス	¥680	2	¥1,360
2018/1/25	横関工務店	A002	USBメモリ32GB	¥1,200	1	¥1,200
2018/1/25	コマバ商事	A003	SDカード64GB	¥2,800	5	¥14,000
2018/1/25	コマバ商事	A001	SDカード32GB	¥1,500	2	¥3,000
2018/1/26	中西不動産	B001	LANケーブル	¥800	3	¥2,400
2018/1/26	TSUWAGG	C002	ワイヤレスマウス	¥3,000	1	¥3,000
2018/1/26	TSUWAGG	A001	SDカード32GB	¥1,500	4	¥6,000
2018/1/27	中西不動産	B002	無線LAN子機	¥2,000	2	¥4,000
2018/1/27	中西不動産	A001	SDカード32GB	¥1,500	3	¥4,500
2018/1/28	コマバ商事	B003	無線LANルータ	¥13,000	2	¥26,000
2018/1/28	コマバ商事	B002	無線LAN子機	¥2,000	5	¥10,000
2018/1/28	デンキのヨネヤ	A003	SDカード64GB	¥2,800	2	¥5,600
			SDカード32GB	¥1,500	1	¥1,500
			USBメモリ64GB	¥3,000	3	¥9,000
			ワイヤレスマウス	¥3,000	1	¥3,000

えっと、宛名と日付を入力した後、売上データをフィルター機能で抽出してコピーしたら、ワークシートを切り替えて、貼り付けて……何だかんだメンドウだなぁ

手作業で請求書を作成

請求書のひな形

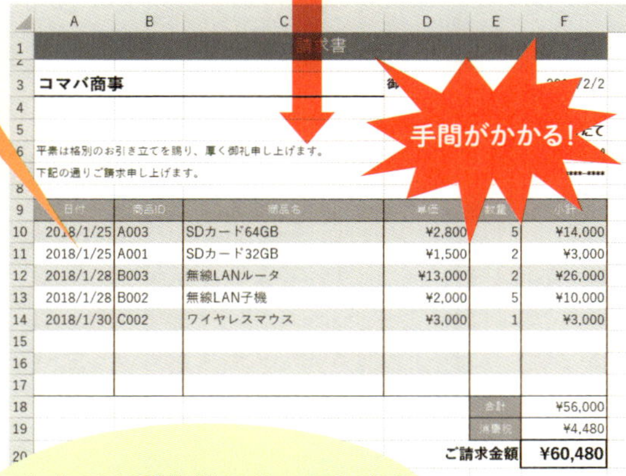

請求書

コマバ商事

平素は格別のお引き立てを賜り、厚く御礼申し上げます。
下記の通りご請求申し上げます。

日付	商品ID	商品名	単価	数量	小計
2018/1/25	A003	SDカード64GB	¥2,800	5	¥14,000
2018/1/25	A001	SDカード32GB	¥1,500	2	¥3,000
2018/1/28	B003	無線LANルータ	¥13,000	2	¥26,000
2018/1/28	B002	無線LAN子機	¥2,000	5	¥10,000
2018/1/30	C002	ワイヤレスマウス	¥3,000	1	¥3,000
				合計	¥56,000
				消費税	¥4,480
				ご請求金額	¥60,480

手間がかかる！

こんなこと手作業でやっていたら、
手間も時間も毎回
スゴクかかっちゃうよ！

Chapter 01

ミスに悩まされていませんか？

手作業だと、ミスの恐れも高い

作業を人の手で行うと、手間がたくさんかかるだけでなく、ミスの恐れも常につきまといます。先ほどの請求書作成の例なら、宛名や日付をタイプミスしたり、抽出する顧客を間違えたり、コピーする売上データのセル範囲を誤って選択したり、貼り付け先がズレてしまったり……

Excelのどんな機能を使おうと、人の手による作業だと、どうしてもミスは起きてしまうもの。作業量が増えるほど、その恐れは高まります。そういったミスに毎日悩まされていませんか？

請求書を人の手で作成すると、こんなミスが…

売上データ

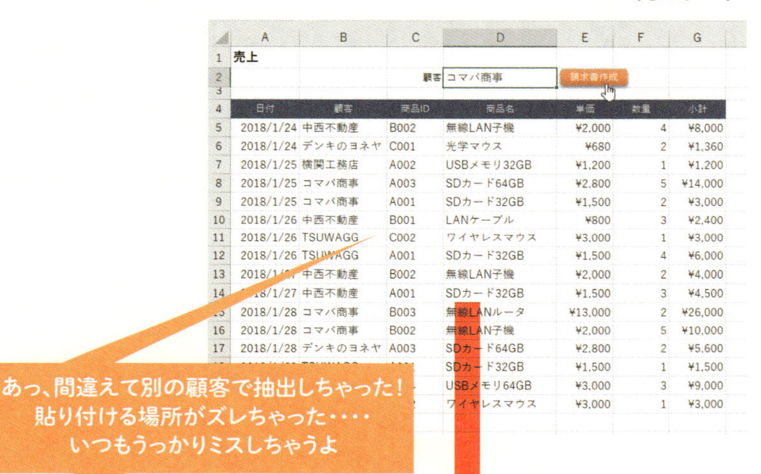

	A	B	C	D	E	F	G
1	売上						
2			顧客	コマバ商事	請求書作成		
4	日付	顧客	商品ID	商品名	単価	数量	小計
5	2018/1/24	中西不動産	B002	無線LAN子機	¥2,000	4	¥8,000
6	2018/1/24	デンキのヨネヤ	C001	光学マウス	¥680	2	¥1,360
7	2018/1/25	横関工務店	A002	USBメモリ32GB	¥1,200	1	¥1,200
8	2018/1/25	コマバ商事	A003	SDカード64GB	¥2,800	5	¥14,000
9	2018/1/25	コマバ商事	A001	SDカード32GB	¥1,500	2	¥3,000
10	2018/1/26	中西不動産	B001	LANケーブル	¥800	3	¥2,400
11	2018/1/26	TSUWAGG	C002	ワイヤレスマウス	¥3,000	1	¥3,000
12	2018/1/26	TSUWAGG	A001	SDカード32GB	¥1,500	4	¥6,000
13	[illegible]	中西不動産	B002	無線LAN子機	¥2,000	2	¥4,000
14	[illegible]/1/27	中西不動産	A001	SDカード32GB	¥1,500	3	¥4,500
15	2018/1/28	コマバ商事	B003	無線LANルータ	¥13,000	2	¥26,000
16	2018/1/28	コマバ商事	B002	無線LAN子機	¥2,000	5	¥10,000
17	2018/1/28	デンキのヨネヤ	A003	SDカード64GB	¥2,800	2	¥5,600
18	[illegible]	[illegible]	[illegible]	SDカード32GB	¥1,500	1	¥1,500
19	[illegible]	[illegible]	[illegible]	USBメモリ64GB	¥3,000	3	¥9,000
20	[illegible]	[illegible]	[illegible]	ワイヤレスマウス	¥3,000	1	¥3,000

あっ、間違えて別の顧客で抽出しちゃった！
貼り付ける場所がズレちゃった・・・・
いつもうっかりミスしちゃうよ

請求書のひな形

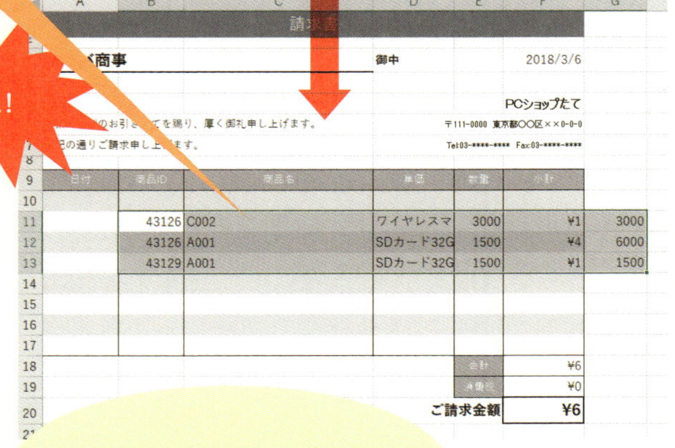

請求書

[illegible]バ商事　御中　2018/3/6

PCショップたて

[illegible]のお引き[illegible]てを賜り、厚く御礼申し上げます。

[illegible]の通りご請求申し上[illegible]ます。

〒111-0000 東京都○○区××0-0-0

Tel:03-****-**** Fax:03-****-****

	A	B	C	D	E	F	G
9	日付	商品ID	商品名	単価	数量	小計	
10							
11		43126	C002	ワイヤレスマ	3000	¥1	3000
12		43126	A001	SDカード32G	1500	¥4	6000
13		43129	A001	SDカード32G	1500	¥1	1500
18					合計	¥6	
19					消費税	¥0	
20					ご請求金額	¥6	

ミス！

こんなこと手作業でやっていたら、
ミスを繰り返しちゃうよ！

Chapter 01

「マクロ」ならメンドウな作業を自動化できる！

マクロで手間もミスもゼロにしよう

そのような手間やミスの問題を解決してくれる機能が**マクロ**です。Excelのあらゆる操作や処理を自動化してくれる機能です。

例えば先ほどの請求書作成の例なら、顧客さえ指定すれば、宛名の入力から、顧客の抽出、コピーと貼り付けまで、あとの操作はすべてExcel自身が自動でやってくれます。作業を人の手で行う必要がほぼなくなるため、かかる手間は実質ゼロになり、ミスもなくせるので、仕事の効率と正確さを劇的にアップできます。

こういった大変ありがたいマクロという機能が、実はExcelに標準で備わっているのです。効率化によって「働き方改革」にも直結することも間違いなしであり、利用しない手はありません。さっそく今日からでもマクロをフル活用しましょう！

請求書作成を自動化すれば…

売上データ

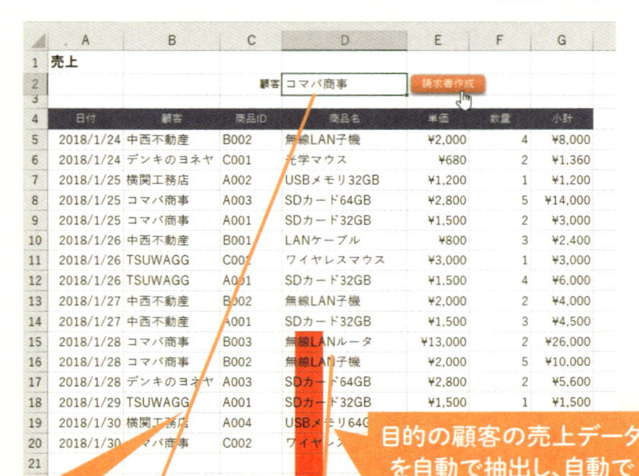

	A	B	C	D	E	F	G
1	売上						
2			顧客	コマバ商事	請求書作成		
4	日付	顧客	商品ID	商品名	単価	数量	小計
5	2018/1/24	中西不動産	B002	無線LAN子機	¥2,000	4	¥8,000
6	2018/1/24	デンキのヨネヤ	C001	光学マウス	¥680	2	¥1,360
7	2018/1/25	横関工務店	A002	USBメモリ32GB	¥1,200	1	¥1,200
8	2018/1/25	コマバ商事	A003	SDカード64GB	¥2,800	5	¥14,000
9	2018/1/25	コマバ商事	A001	SDカード32GB	¥1,500	2	¥3,000
10	2018/1/26	中西不動産	B001	LANケーブル	¥800	3	¥2,400
11	2018/1/26	TSUWAGG	C002	ワイヤレスマウス	¥3,000	1	¥3,000
12	2018/1/26	TSUWAGG	A001	SDカード32GB	¥1,500	4	¥6,000
13	2018/1/27	中西不動産	B002	無線LAN子機	¥2,000	2	¥4,000
14	2018/1/27	中西不動産	A001	SDカード32GB	¥1,500	3	¥4,500
15	2018/1/28	コマバ商事	B003	無線LANルータ	¥13,000	2	¥26,000
16	2018/1/28	コマバ商事	B002	無線LAN子機	¥2,000	5	¥10,000
17	2018/1/28	デンキのヨネヤ	A003	SDカード64GB	¥2,800	2	¥5,600
18	2018/1/29	TSUWAGG	A001	SDカード32GB	¥1,500	1	¥1,500
19	2018/1/30	横関工務店	A004	USBメモリ64G[illegible]	[illegible]	[illegible]	[illegible]
20	2018/1/30	[illegible]マバ商事	C002	ワイヤ[illegible]	[illegible]	[illegible]	[illegible]
21							

目的の顧客の売上データを自動で抽出し、自動でコピーして貼り付ける

宛名を自動で転記

マクロで自動化！

請求書のひな形

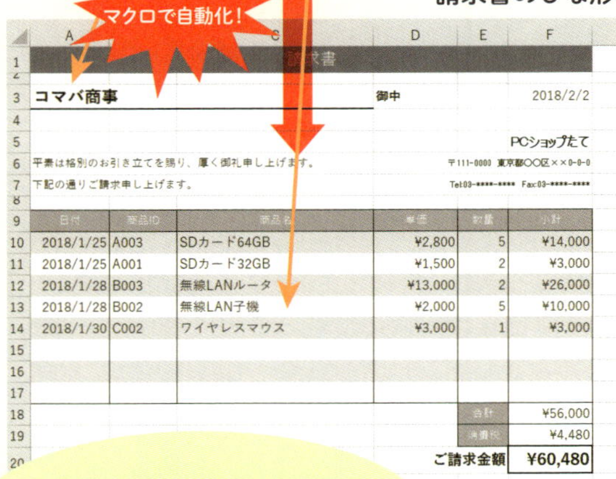

	A	B	C	D	E	F
1	請求書					
3	コマバ商事			御中		2018/2/2
5						PCショップたて
6	平素は格別のお引き立てを賜り、厚く御礼申し上げます。					〒111-0000 東京都○○区××0-0-0
7	下記の通りご請求申し上げます。					Tel:03-****-**** Fax:03-****-****
9	日付	商品ID	商品名	単価	数量	小計
10	2018/1/25	A003	SDカード64GB	¥2,800	5	¥14,000
11	2018/1/25	A001	SDカード32GB	¥1,500	2	¥3,000
12	2018/1/28	B003	無線LANルータ	¥13,000	2	¥26,000
13	2018/1/28	B002	無線LAN子機	¥2,000	5	¥10,000
14	2018/1/30	C002	ワイヤレスマウス	¥3,000	1	¥3,000
15						
16						
17						
18					合計	¥56,000
19					消費税	¥4,480
20				ご請求金額		¥60,480

自動でやってくれるから、
手間も時間もかからないし、
ミスもなくせるからいいね！

Excelを使う仕事は、
マクロでどんどん自動化しよう!

マクロとVBAのことを知ろう

Chapter 02

マクロの正体って結局何なの？

マクロの正体は命令文の集まり

マクロはChapter01の03で述べたように、Excelの操作や処理を自動化してくれる機能なのですが、その正体は何なのでしょうか？

マクロの中身は“**命令文**”の集まりです。命令文とは、Excelに自動で実行して欲しい操作や処理を記したものです。例えばChapter01の請求書作成の例のマクロなら、次のようなイメージで命令文が記されることになります。こういった命令文の集まりがマクロの正体なのです。

マクロの中には命令文が記されている

マクロのイメージ

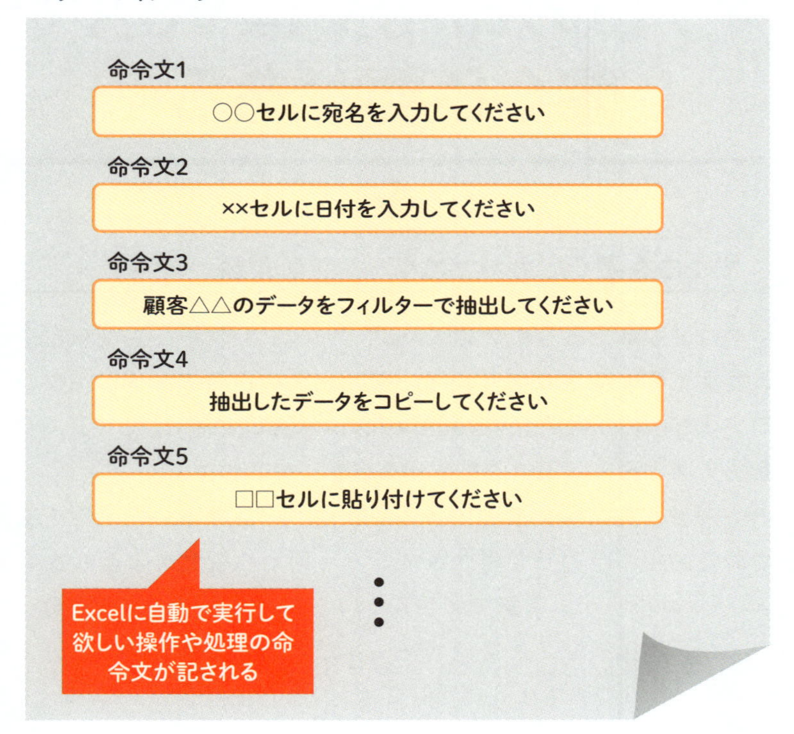

Chapter 02

マクロの命令文はVBAで書く必要がある

マクロを書くためのプログラミング言語

マクロの中身である命令文は人間向けの言葉ではなく、Excelにわかる言葉で書く必要があります。そのための専用の言葉が、プログラミング言語の「VBA」(Visual Basic for Applications)です。マクロの命令文はすべて、VBAで書かれることになるのです。

VBAで書かれた命令文のイメージが右ページの下の図です。英単語や記号の組み合わせで書かれており、何やら呪文のような命令文です。Excelにわかる言葉で書かれているため、人間には一見意味不明ですが、実は人間でも文法やルールがわかっていれば、自分で読んだり書いたりできるようになります。

命令文はExcelにわかる言葉＝VBAで書く

マクロのイメージ

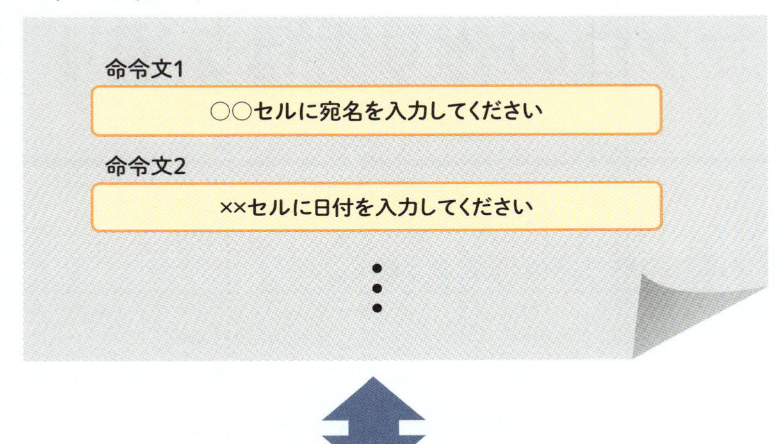

実際のマクロ

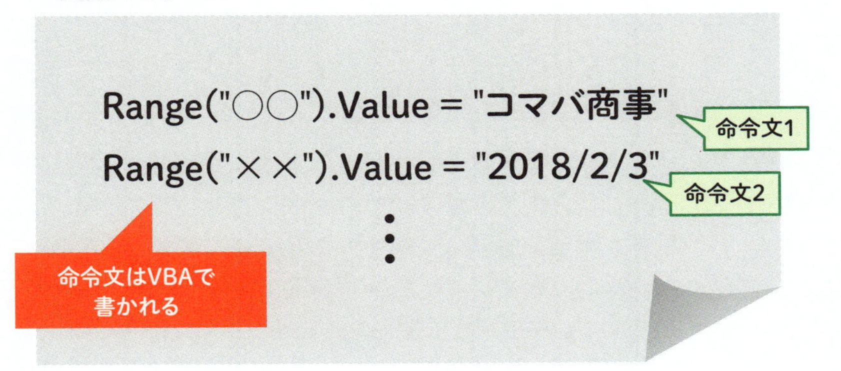

Chapter 02

マクロの作り方は2通り

2通りの作り方は何が違うの?

マクロの作り方は大きく分けて次の2通りがあります。

【方法1】「マクロの記録」機能を使う方法
【方法2】自分でVBAを記述する方法

1つ目は「**マクロの記録**」機能を使った方法です。自動化したい操作をユーザーが実際に行い、それを記録するという方法です。実際に行った操作から、VBAの命令文が自動で生成されます。Excel自身がVBAのプログラミングを行うことになります。あとはそのマクロを実行すれば、その操作が自動で行われます。ちょうどハードディスクレコーダーでTV番組を録画・再生するイメージです。

2つ目はユーザーがVBAを自分の手で入力して、命令文を記述していく方法です。つまり、ユーザー自身がVBAのプログラミングを行うことになります。実行すれば、記述した命令文に従って、操作や処理が自動で行われます。

いずれの方法も、できあがるものはVBAの命令文の集まりです。違いはそれが自動で生成されるか、ユーザーが自分で記述するかです。

違いは自動生成か、自分の手で記述するか

マクロの作り方1つ目　「マクロの記録」機能

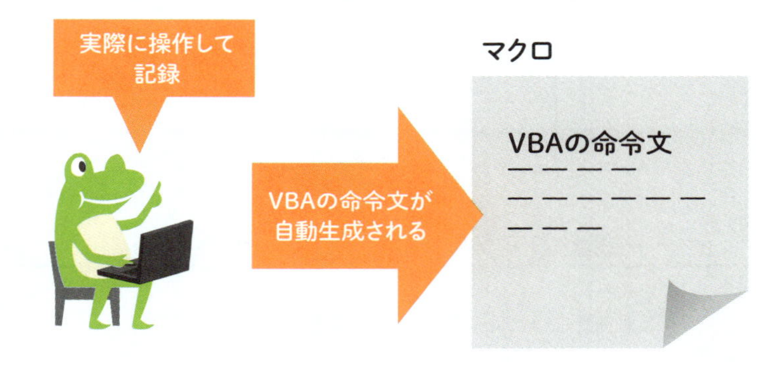

マクロの作り方2つ目　VBAのプログラミング

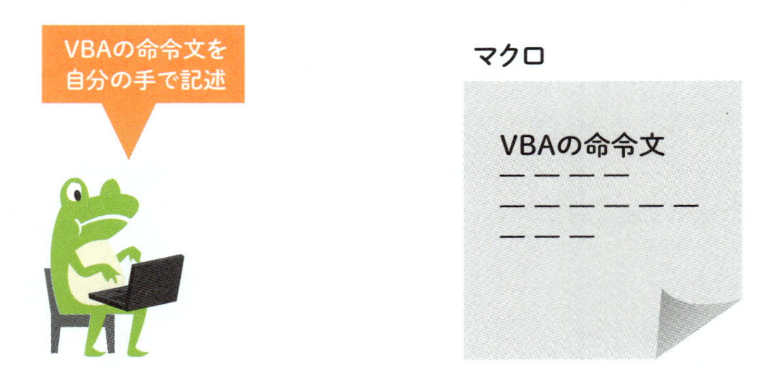

Chapter 02

マクロの記録を体験してみよう

データ抽出のマクロを記録して作成

ここでマクロの記録を体験してみましょう。表のデータをフィルター機能で抽出（絞り込み）する操作のマクロを、マクロの記録によって作成するとします。ダウンロードファイル（入手方法は2ページ参照）のブック「販売管理.xlsx」を開き、次の手順に従ってマクロを記録した後、実行してください。

マクロを記録しよう　操作手順

今回はワークシート「売上」のA4～G20セルの表に入力されている売上データ（4行目は表の見出し）を、B列「顧客」のデータ「コマバ商事」で抽出する操作をマクロ化するとします。

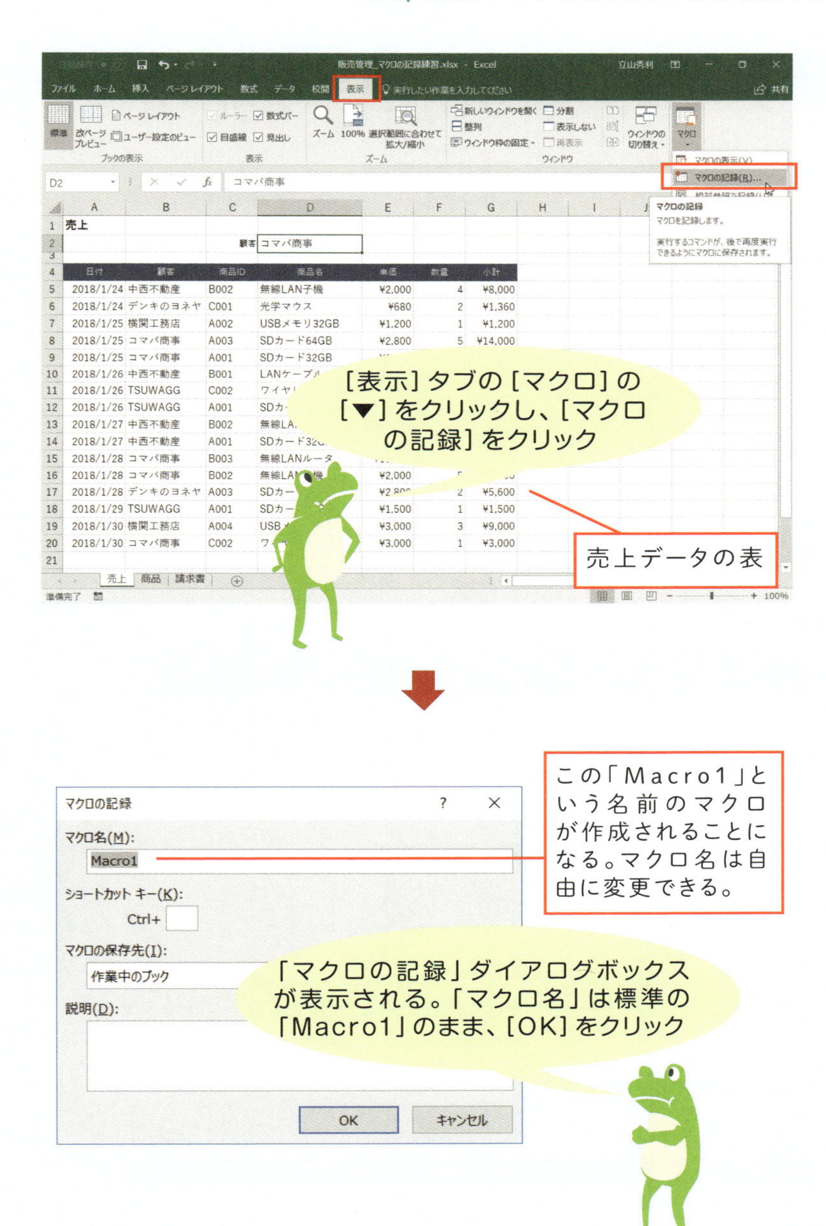
[表示]タブの[マクロ]の[▼]をクリックし、[マクロの記録]をクリック
売上データの表
マクロの記録
マクロ名(M):
Macro1
ショートカット キー(K):
Ctrl+
マクロの保存先(I):
作業中のブック
説明(D):
OK
キャンセル
この「Macro1」という名前のマクロが作成されることになる。マクロ名は自由に変更できる。
「マクロの記録」ダイアログボックスが表示される。「マクロ名」は標準の「Macro1」のまま、[OK]をクリック

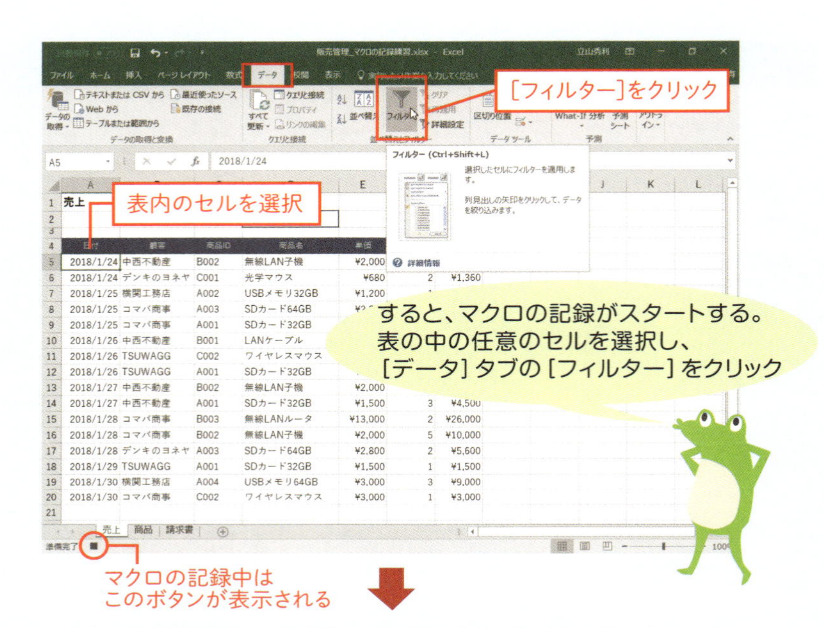
[フィルター]をクリック
表内のセルを選択
マクロの記録中は
このボタンが表示される
すると、マクロの記録がスタートする。
表の中の任意のセルを選択し、
[データ] タブの [フィルター] をクリック

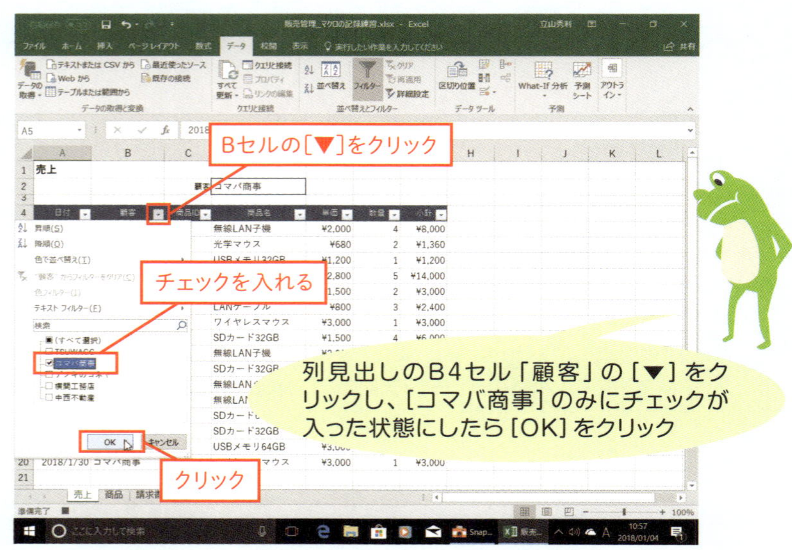
Bセルの[▼]をクリック
チェックを入れる
クリック
列見出しのB4セル「顧客」の [▼] をクリックし、[コマバ商事] のみにチェックが入った状態にしたら [OK] をクリック

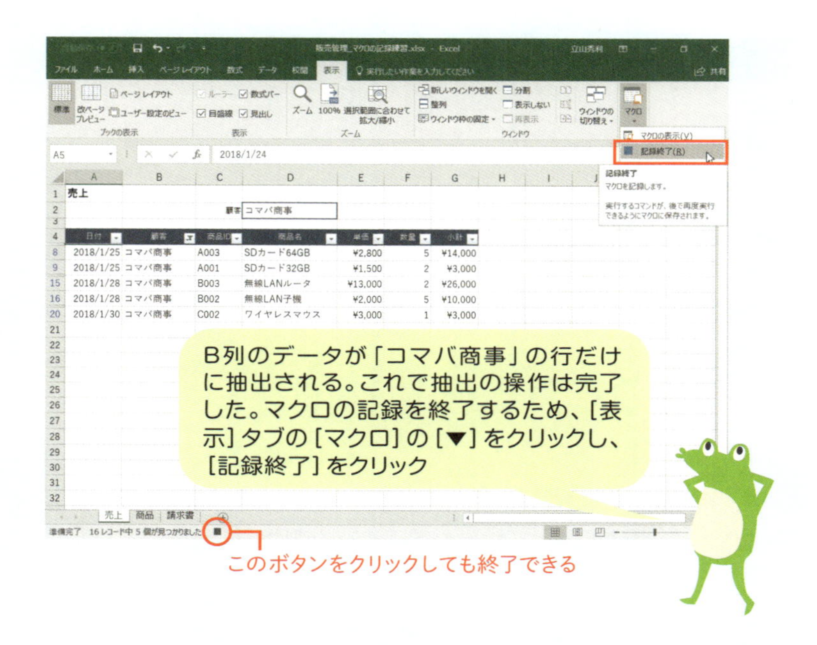

B列のデータが「コマバ商事」の行だけに抽出される。これで抽出の操作は完了した。マクロの記録を終了するため、[表示]タブの[マクロ]の[▼]をクリックし、[記録終了]をクリック
このボタンをクリックしても終了できる

これでマクロが「Macro1」という名前で作成できました。さっそく実行したいのですが、その前にフィルター機能による抽出を解除しておきます。マクロ「Macro1」は抽出する操作を自動化するものなので、すでに抽出された状態で実行すると、動作結果がわからなくなるからです。

［データ］タブの［フィルター］をクリックして、選択されていない状態（アイコンが反転していない状態）にしてください。これでフィルターによる抽出が解除され、元の表の状態に戻ります。

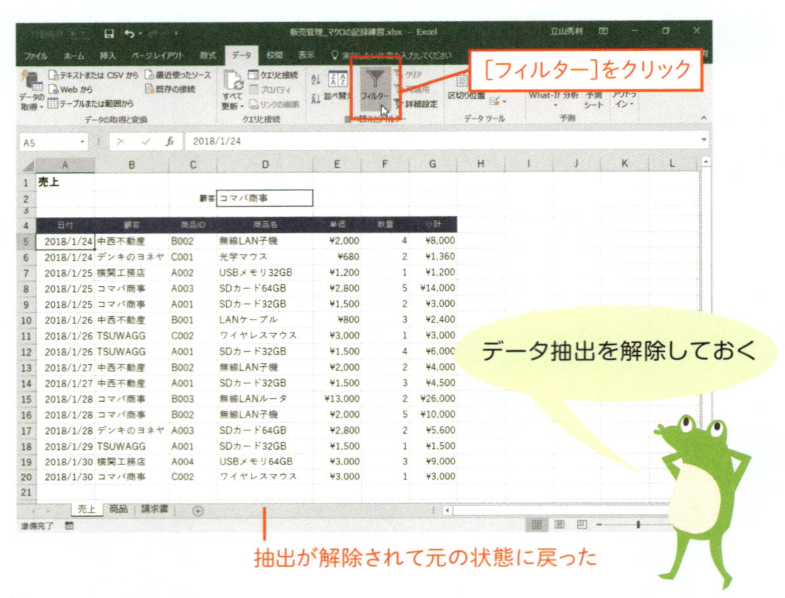

マクロを実行しよう 操作手順

それでは、先ほど作成したマクロを実行してみましょう。基本的には、「マクロ」画面から実行します。

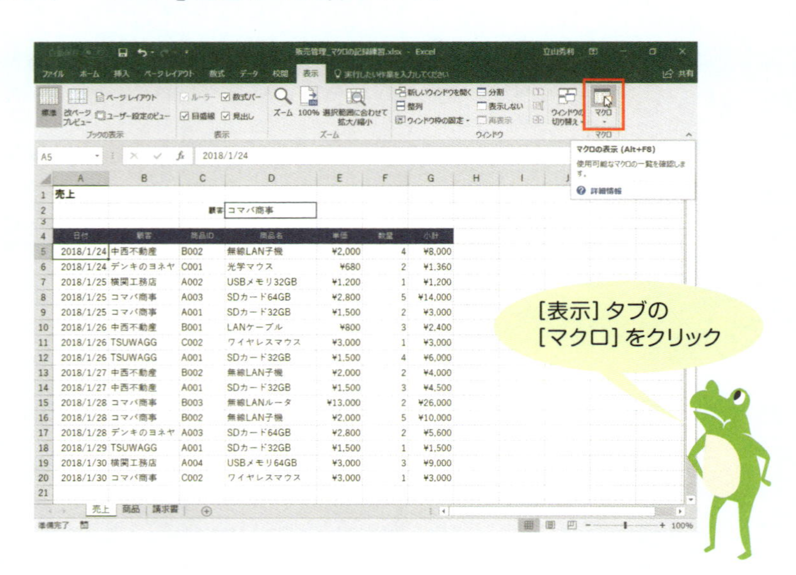

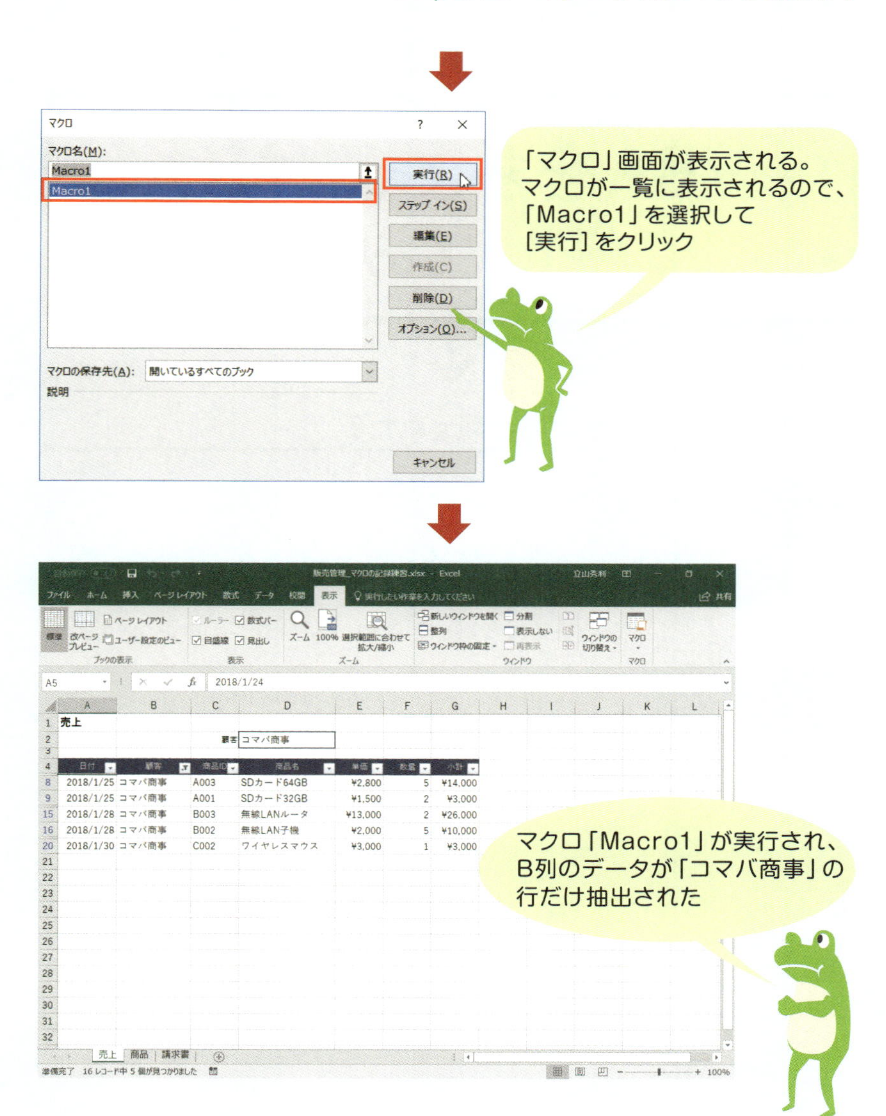

「マクロ」画面が表示される。
マクロが一覧に表示されるので、
「Macro1」を選択して
[実行]をクリック
マクロ「Macro1」が実行され、
B列のデータが「コマバ商事」の
行だけ抽出された

このように、手作業だと何度もクリックなどの操作をしなければならない抽出が、マクロ「Macro1」を実行するだけで、一気に自動で行われました。より多くの手数が必要な操作ほど、マクロによる自動化のメリットも大きくなります。

Chapter 02

05 VBAをちょっとだけのぞいてみよう

どんな命令文が自動生成された?

前節では、フィルターによる抽出を自動化するマクロ「Macro1」を、マクロの記録機能によって作成しました。マクロの記録機能を使うと、実際に行った操作からVBAの命令文が自動で作成されるのでした。ここで、生成されたマクロ「Macro1」の正体であるVBAの命令文を見てみましょう。各命令文を詳しく読み解くのではなく、どんな感じの命令文が自動生成されたのか、雰囲気を味わうだけです。

ショートカットキーの Alt + F11 キーを押してください。すると、このようにブックとは別のウィンドウで、「Microsoft Visual Basic for Applications ～」というタイトルの画面が開きます。

VBEの画面が別途開いた

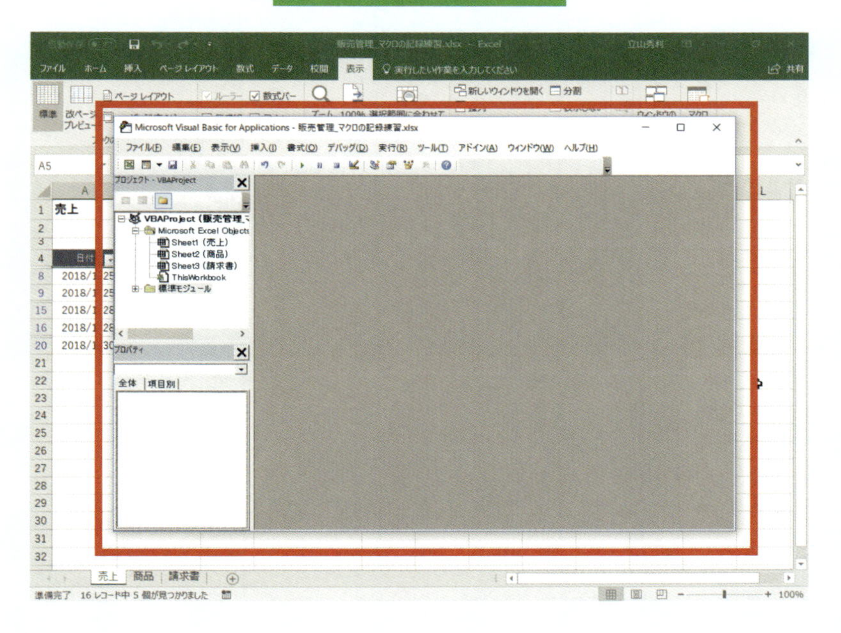

この画面は「VBE」(Visual Basic Editor)と呼ばれるツールです。VBAを編集するための専用ツールであり、Excelに標準で付属しているものです。

画面の各部位の意味や基本的な使い方はChapter04で改めて解説するので、ここではとりあえずマクロ「Macro1」のVBAの命令文を見てみます。左側のツリー図の［標準モジュール］の左隣にある［+］をクリックしてください。すると展開し、［Module1］が表示されるので、ダブルクリックしてください。

［Module1］をダブルクリック

すると、Module1が画面右側に開き、「Sub Macro1()」から始まる、何やら英語のような呪文のようなものが表示されます。これらこそがVBAの命令文です。マクロの記録で実際に行った抽出の操作から、このようなVBAの命令文が自動生成されたのです。

VBAの命令文が表示された

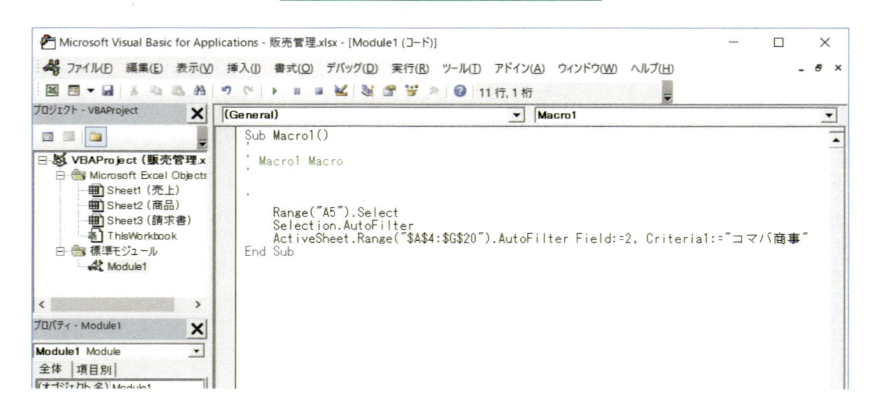

これらの命令文の意味がわかるように、さらには自分で記述できるようになるため、これから本書でVBAの基礎の学習を進めていきます。それはChapter02の03で紹介した【方法2】の「自分でVBAを記述する方法」を学んでいくことになります。

では、ブック「販売管理.xlsx」を保存せずに閉じて、次の節へと進んでください。

「Option Explicit」があることも

Module1を開いた際、お手元のExcelの設定によっては、VBAの命令文の冒頭に「Option Explicit」があるケースがありますが、ここでは無視してください。意味や設定変更の方法の解説は、本書では割愛させていただきます。この解説については本書の続編「図解！　Excel VBAのツボとコツがゼッタイにわかる本　プログラミング編」(仮)で行います。

Chapter 02

「マクロの記録」さえあれば十分？

なぜVBAを自分で書くのか？

先ほど体験したように、【方法1】である「マクロの記録」を使えば、VBAの命令文が自動で生成されるのでした。「それなら、そもそもVBAの命令文を自分で書く必要はないのでは？」とギモンを抱いた読者の方も多いでしょう。

実は「マクロの記録」で作ることができるのは、ごく単純な機能のマクロだけです。日々の仕事で役に立つような複雑な機能を備えたマクロのほとんどは、残念ながら「マクロの記録」では作れません。たとえば先ほどの抽出も、「D2セルに入力した顧客名で抽出する」など、ほんの少し高度になるだけで作れなくなります。他にも作れない操作や処理はたくさんあります。

一方、自分でVBAのプログラミングを行う【方法2】なら作れます。どんな操作や処理でも自動化できます。仕事で役に立つ複雑な機能を備えたマクロを作ることができます。そのため、VBAのプログラミングを学ぶ意義は大いにあるのです。

仕事に役立つマクロはプログラミングで作る

▼「マクロの記録」機能

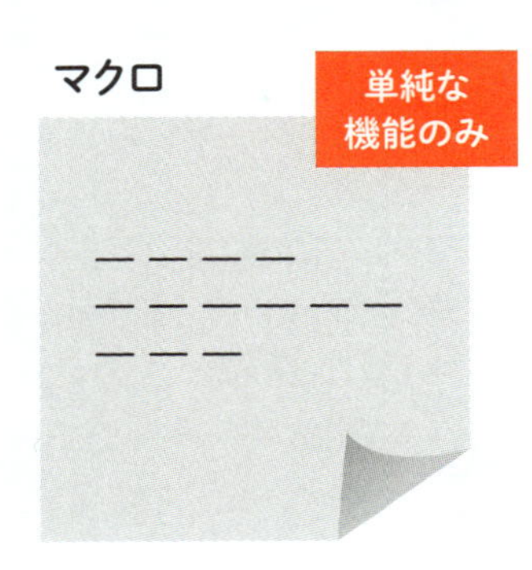

▼VBAのプログラミング

マクロの記録中に操作を誤ったら

Chapter02の04でマクロを記録している最中、もし操作を誤ったら、どうすればよいのでしょうか？　マクロの記録は、途中からやり直したり修正したりすることは残念ながらできません。そのため、マクロの記録を最初からやり直す必要があります。

マクロの記録中に操作を誤ったら、その時点で［記録終了］をクリックし、マクロの記録を終了してください。そして、再び［マクロの記録］をクリックし、改めてマクロの記録を実施してください。その際、「マクロの記録」画面の「マクロ名」欄には、「Macro2」と自動で入力されます。このようにマクロの記録におけるマクロ名は、「Macro」に連番が振られた名前が設定されます。

マクロを実行する際は、この「Macro2」を選んでください。記録中に操作を誤ったマクロが「Macro1」という名前で残っていますが、誤ってそちらを実行しないよう注意してください。

2回目の記録ではマクロ名が「Macro2」になる

マクロの記録　？　×

マクロ名(M):

Macro2

ショートカット キー(K):

Ctrl+

マクロの保存先(I):

作業中のブック

説明(D):

OK　キャンセル

プログラミングのツボとコツはこれだ！

Chapter 03

ツボは「命令文を上から並べて書く」

プログラミングの大原則

一般的にプログラムを作るには、コンピューターに自動で実行させたい処理を**命令文**として書きます。実行させたい処理はたいてい複数あるので、命令文は処理の数だけ複数必要となります。プログラムとは、命令文が複数書かれた**命令書**であり、マクロもプログラムの一種になります。マクロの命令文はChapter02の02でも解説しましたが、VBAで記述されます。

プログラムを作る際、それぞれの処理の命令文を実行させたい順番に、上から並べて書いていきます。この「**上から並べて書く**」がツボであり、プログラミングの大原則でもあります。作ったプログラムを実行すると、命令文が書かれている順番で上から実行されていきます。

並べて書けば、順に実行される

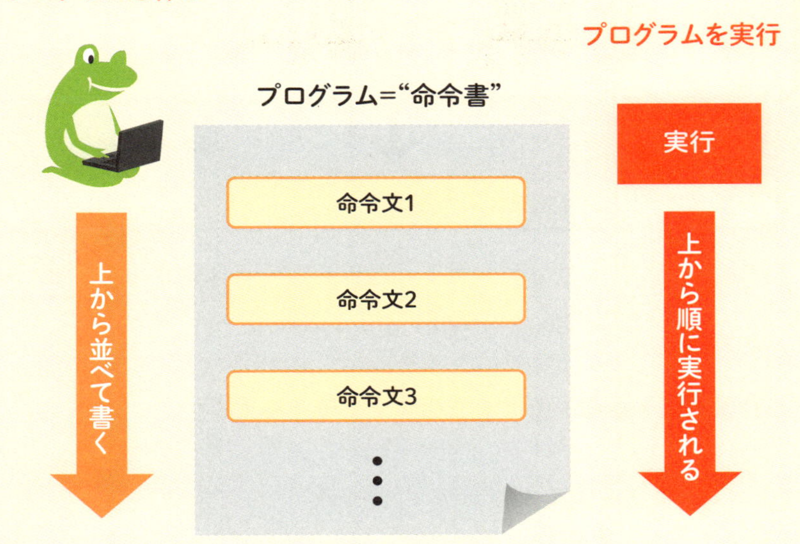

Chapter 03

マクロは具体的にどう作ればいい?

基本は「手作業をそのまま」

VBAのプログラミングでマクロを作る際、具体的にどうすればよいのでしょうか？　もっとも基本となる方法は、

「手作業で行う操作をそのまま命令文に置き換える」

です。このことも大事なツボです。

たとえば、「表のデータをフィルターで抽出し、コピーして別の場所に貼り付ける」という操作を自動化するマクロを作りたいとします。その場合、手作業で同じ操作をした際の手順を考え、その各操作をひとつずつ命令文に置き換えていきます。

おのおのの命令文はVBAを使って書くのですが、具体的な書き方はChapter05以降で順を追って解説します。ここではまず、このようなイメージでプログラムを組み立てていけばよいか、ということだけを大まかに把握しましょう。

操作手順を命令文に置き換える

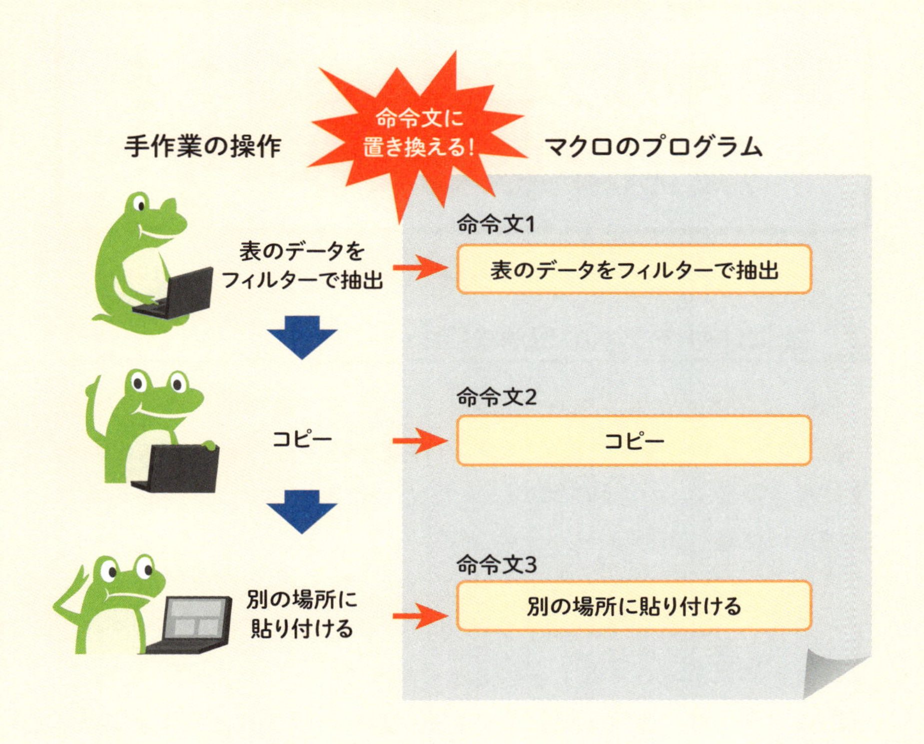

Chapter 03

VBAのプログラミングを疑似体験してみよう

疑似体験でツボの理解を深める

VBAの具体的な書き方を学ぶ前に、ここまでに学んだ2つのツボ「**命令文を上から並べて書く**」と「**手作業で行う操作をそのまま命令文に置き換える**」の理解を深めるため、VBAのプログラミングを本書上で疑似体験しましょう。

疑似体験は、VBAではなく日本語で記された命令文のブロックを並べるというものです。命令文のブロックは複数種類あり、意図通りの実行結果が得られるよう、正しく並べていただきます。

ここでは、次の操作を自動化するマクロを作成するとします。

> ワークシート「Sheet1」のA1～B3セルをコピーして、ワークシート「Sheet2」のD3セルに貼り付ける

使うことができる命令文のブロックは図の左側の6種類とします。

意図通りの実行結果が得られるようにするには、どのブロックをどのように並べればよいでしょうか？　ご自分でちょっと考えてみてください。

正解は図の右側のようになります。6種類の命令文を次の順で並べれば、意図通りの実行結果が得られます。

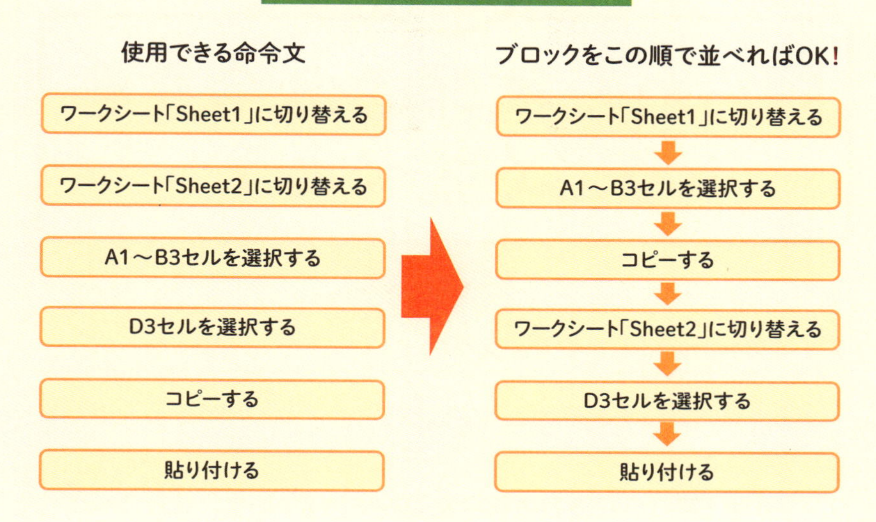

まさに手作業で行う操作と全く同じように、命令文を上から並べています。このように必要な処理の命令文を、適切な順で上から並べて書くことがプログラミングの大原則なのです。実は単純に上から並べるだけでない書き方も、いずれも必要となるのですが、Chapter10の章末コラムでその全体像を簡単に紹介します。

Chapter 03

限られた種類の命令文を正しく並べよう

 この2つもプログラミングのツボ

前節の疑似体験のなかには、プログラミングのツボがさらに2つ含まれています。

1つ目は「**限られた種類の命令文のみで作る**」です。疑似体験では6種類の命令文のみで作りましたが、実際のVBAのプログラミングでも、使える命令文の種類は限られます。それらを適切に組み合わせて、目的の機能を作らなければなりません。もっとも、限られるとはいえ何百種類もあるので、困ることはありません。たくさんある命令文から必要なものを選び、組み合わせていきます。詳しくはChapter05以降で順を追って解説します。

2つ目は「**命令文は適切な順で並べる**」です。次ページの図の例のように不適切な順で並べてしまうと、意図通りの実行結果が得られなくなってしまします。あたりまえの話かもしれませんが、大切なツボです。

命令文を不適切な順で並べた例

ワークシート「Sheet1」に切り替える

A1～B3セルを選択する

貼り付ける

ワークシート「Sheet2」に切り替える

D3セルを選択する

コピーする

並び順が不適切！

コピーと貼り付けの並びが逆。コピーする前に貼り付けようとするので、意図通り貼り付けられない

Chapter 03

プログラミングそのもののコツ

 最も重要なノウハウが「段階的に作り上げる」

VBAに限らずどの言語でも、プログラミングでは“知識”とともに“ノウハウ”も非常に大切です。ここで言う知識とは、言語の文法やルールです。ノウハウとは、どの知識をどのような場面でどう使えばよいかなどの知恵です。知識だけでなく、ノウハウも身に付けることがプログラミングを学ぶ際のコツなのです。

ノウハウとは具体的にどんなことでしょうか？　いくつかありますが、最も重要なのが「**段階的に作り上げる**」です。本節では同ノウハウの内容、次節でなぜ重要なのかを解説します。

一般的にプログラミングでは、目的の機能を作るために、たいていは複数の命令文を書くことになります。そうやって作ったプログラムが意図通りの実行結果が得られるか、必ず実際に実行して動作確認します。その際、複数の命令文を一気にすべて書いてから、まとめて動作確認したくなるものです。

段階的に作り上げるノウハウではそうではなく、命令文を1つ書いたら、その場で動作確認します。複数の命令文をすべて書いてから、まとめて動作確認するのではなく、1つ書くたびに動作確認する点が大きなポイントです。意図通りの実行結果が得られたら、次の命令文を1つ追加で書き、同様に動作確認します。以降、それを繰り返していきます。

命令文を１つ書くたびに動作確認

たとえば、計3つの命令文からなるプログラムを作るなら・・・

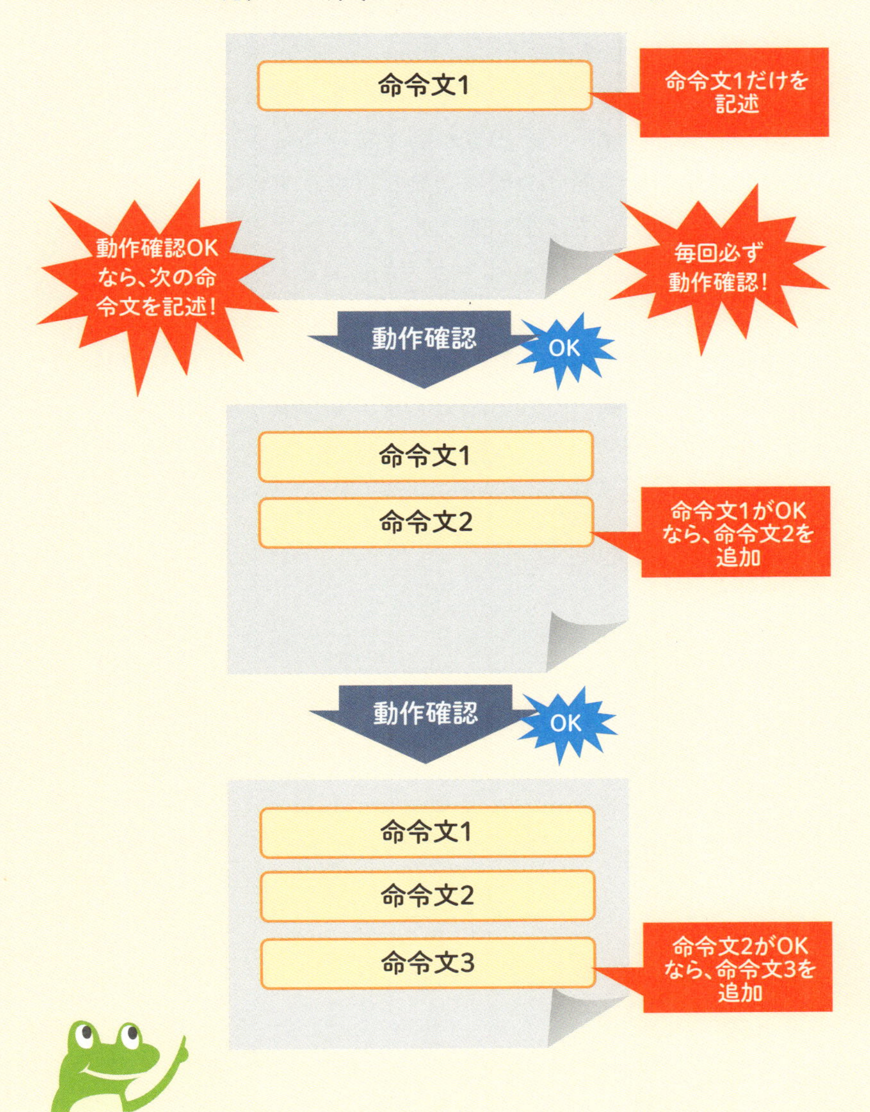

もし動作確認して意図通りの実行結果が得られなければ、命令文を必ずその場で修正します。命令文の中から誤り箇所を見つけて、修正したら再び動作確認を行い、意図通り動作することを確認してから、次の命令文を書きます。

修正後に再び動作確認を行った結果、もし意図通りの動作結果が再び得られなければ、修正内容が誤っていたことになるので、修正しなおします。意図通りの動作結果が得られるまで修正と動作確認を繰り返します。必ず修正が完了してから、次の命令文を記述します。言い換えると、1つの命令文が意図通り動作するまでは、次の命令文には進まないようにします。この点も大きなポイントです。

このように階段を1段ずつ登るがごとく、命令文を1つずつ記述して動作確認し、必要に応じて修正することの繰り返しによって、プログラムを作り上げていくノウハウになります。

誤りを必ずその場で修正する

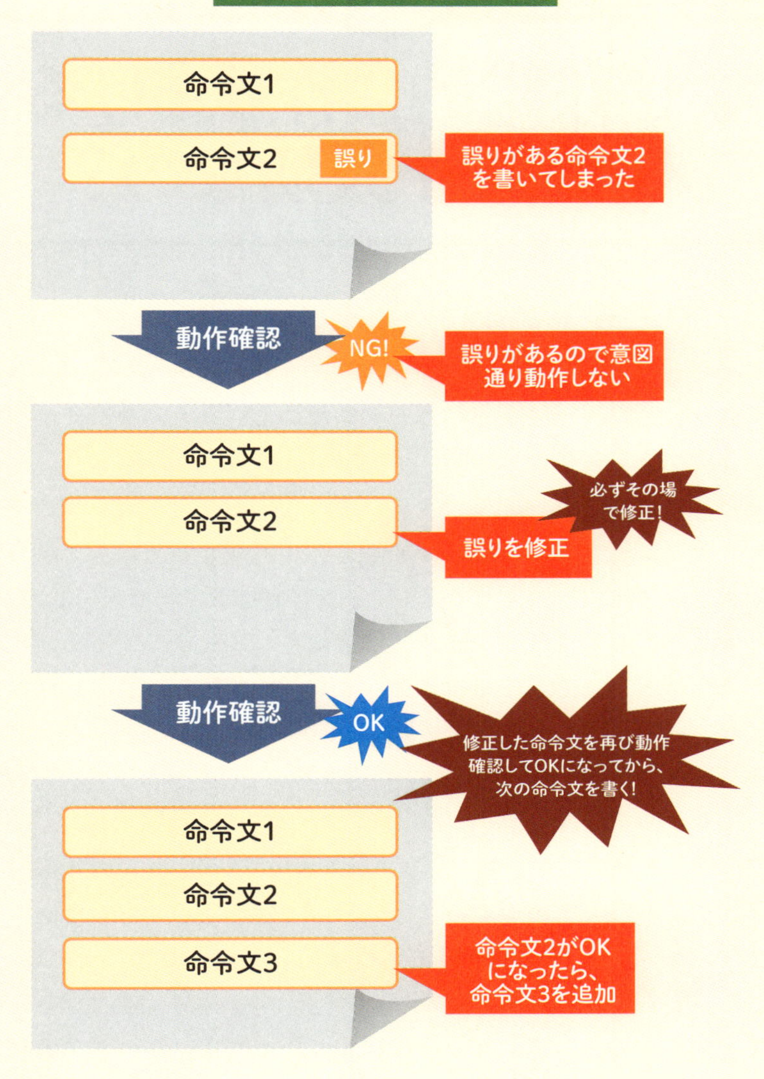

Chapter 03

なぜ段階的に作り上げるノウハウが大切なの？

誤りを自力で発見しやすくできる

段階的に作り上げるノウハウが大切なのは、見本がないオリジナルのプログラムを自力で完成させるために必要だからです。

一般的によほどのベテランか天才でもない限り、正しいプログラムを一発で記述できないものです。自力で完成させるには、誤りの箇所を自力で見つけ、自力で修正できなければなりません。しかし、初心者は誤りを発見すらできず、途方にくれてしまいがちです。見本があれば容易に発見できますが、オリジナルのプログラムだと見本がないので発見は困難でしょう。

本ノウハウは誤りを発見しやすくします。その理由を3つの命令文からなるプログラムを例に解説します。3つ目の命令文に誤りがあるプログラムを書いたが、書いた本人は気づいていないと仮定します。

まず本ノウハウを用いないケースです（右図）。3つの命令文すべてをまとめて記述し、まとめて動作確認したとします。その場合、誤りを探す範囲は3つの命令文すべてです。複数ある命令文から誤りを発見することは、実は初心者には難しいのです。命令文の数が増えるほど難しさは指数関数的に増します。

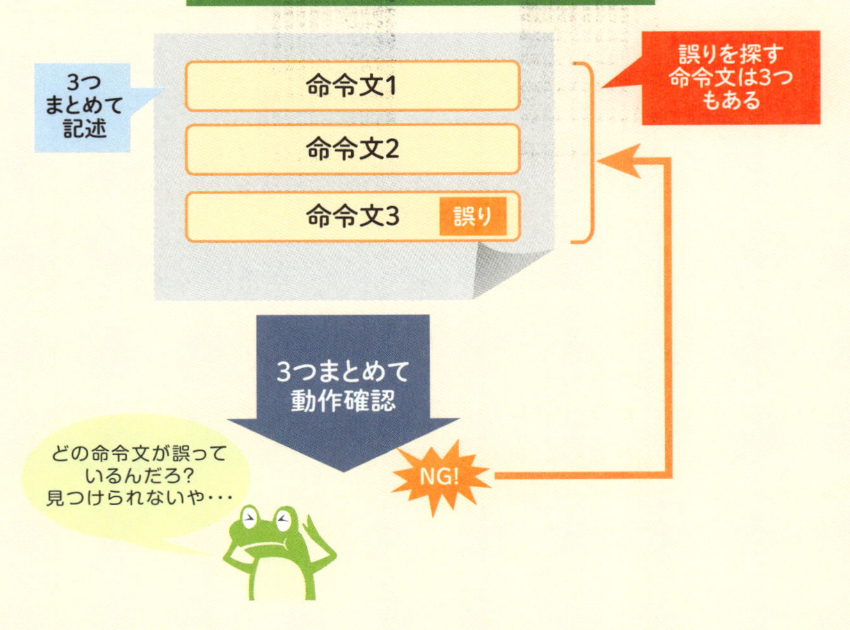
3つの命令文から誤りを探すのは難しい
3つ
まとめて
記述
命令文1
命令文2
命令文3
誤り
誤りを探す
命令文は3つ
もある
3つまとめて
動作確認
NG!
どの命令文が誤って
いるんだろ?
見つけられないや…

誤りを探す範囲を絞り込む

次は段階的に作り上げるノウハウを用いたケースです。右図の通り、誤りを探すべき範囲を、最後に書いた3つ目の命令文の1つだけに絞り込めます。なぜなら、1つ目と2つ目の命令文は動作確認済みであり、誤りがないことは既にわかっているので、誤りがあるとしたら3つ目の命令文の中だけだとわかるからです。複数ある命令文の中から誤りを探すのは初心者にとって困難ですが、1つの命令文の中だけなら、より容易に発見できるでしょう。

このように、誤りを探すべき範囲を最後に記述した命令文の1つだけに絞り込むことで、誤りを発見しやすくするのが本ノウハウのポイントです。見本がないオリジナルのプログラムを初心者が自力で完成させるための大きな助けになるコツなのです。

1つの命令文だけなら誤りを探しやすい

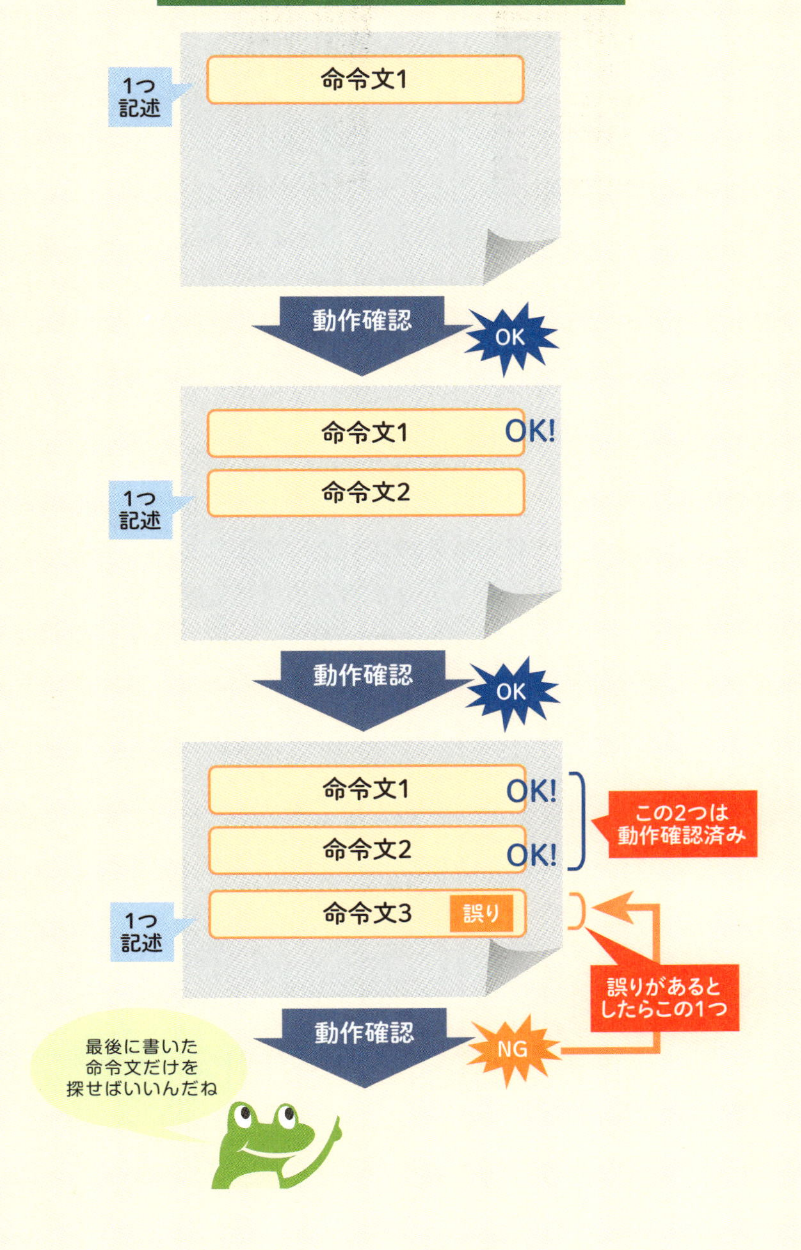

誤りが複数同時にあると…

しかも、本ノウハウを用いないと、同時に複数の命令文に誤りがある場合、発見はもっと困難になります。さらには修正にも悪影響が出ます。

その理由が次図です。同じく3つの命令文からなるプログラムを例に解説します。3つまとめて記述した命令文のうち、1つ目と3つ目に誤りがあるとします。動作確認後、1つ目の命令文の誤りは発見して修正できたが3つ目の命令文の誤りは見逃したままと仮定します。再び動作確認すると当然、3つ目の命令文の誤りが残っているので意図通り動作しません。

プログラマーにしてみれば、1つ目の命令文の誤りをちゃんと発見して修正したはずなのに、再び意図通り動作しない原因は、修正に失敗していたのか、それとも他の命令文にも誤りがあるのを見逃していたのか、わからなくなってしまうものです。初心者なら、その時点でアタマが混乱して前に進めなくなり、完成できずに終わってしまうでしょう。そういった事態に陥らないために、段階的に作り上げるノウハウを忘れずに用いてください。

本ノウハウは実際に体験しないとピンと来ないことも多いので、Chapter05以降で体験していただきます。また、誤りの発見・修正については、Chapter09で改めてさらに詳しく解説します。

修正失敗？　それとも他に誤りがある？

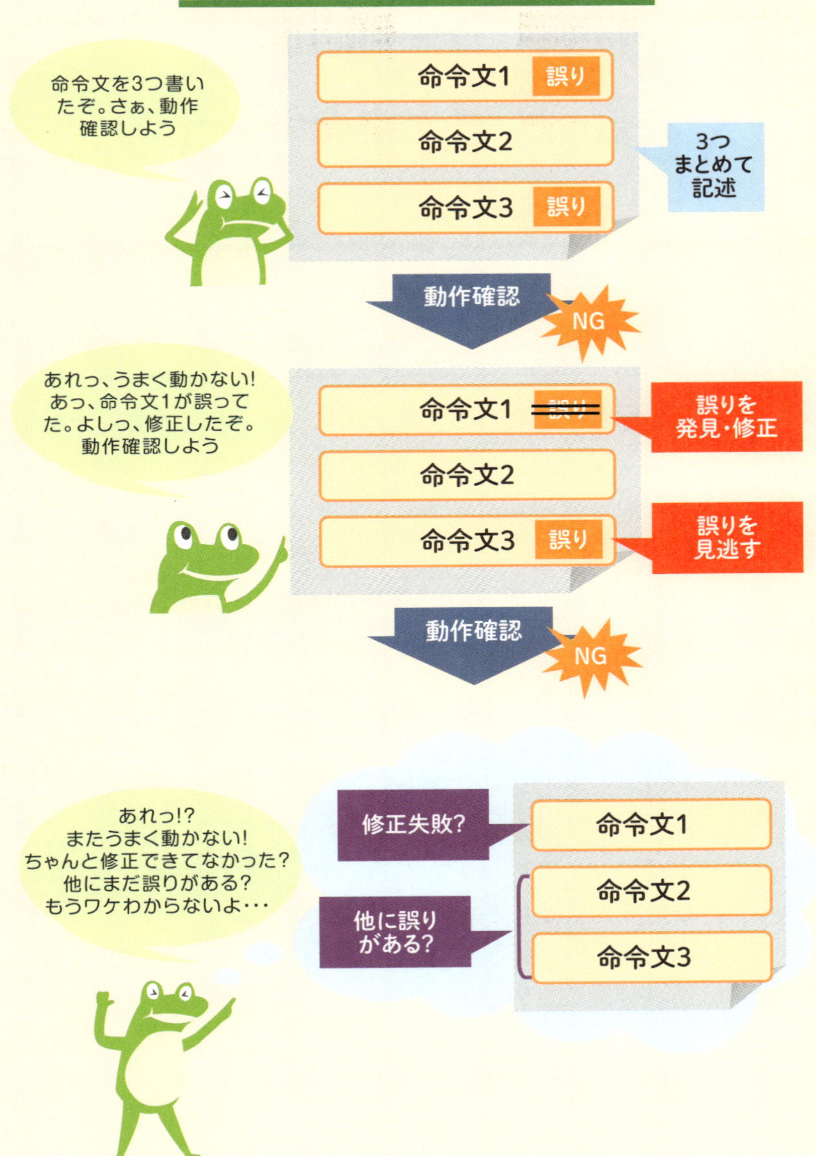

Chapter 03

VBAの学び方のコツ

文法・ルールは本やWebを見ればOK

VBAのプログラミングの学び方で大切なのは、繰り返しになりますが、ノウハウを身に付けることです。特に、段階的に作り上げるノウハウなしでは、見本がないオリジナルのプログラムを自力で完成させられず、VBAを挫折してしまうでしょう。

一方、知識を学ぶ際のコツは、「**無理に暗記しようとしない**」です。VBAの文法・ルールは非常に多岐にわたり分量も多いため、すべて暗記するのは実質不可能です。すべて暗記しようとすると必ず挫折するので注意しましょう。

知識については、本やWebを見ながらで全く問題ありません。本やWebを見れば済むものは、遠慮せずに見ればよいのです。そうやってプログラミングを続けていく過程で、自然に暗記できた知識を徐々に増やしていく程度のスタンスでよいのです。

プログラミングの学習では、知識にどうしても目が向きがちですが、ノウハウの習得により多くの時間と労力をかけることを強くオススメします。

知識よりノウハウを優先して身に付ける

知識

・文法・ルール

etc

ノウハウ

・段階的に作り上げる

etc

無理にすべて暗
記せず、本や
Webを見れば
OKだよ

こっちを優先して
身に付けなきゃ！

実行時は「入力」モードと「編集」モードに注意

Chapter02の04で記録したマクロを実行する際や、Chapter05以降でVBAのプログラムを実行する際、セルが「入力」モードや「編集」モードになっていると、実行できないので注意してください。

「入力」モードとは、セルへデータを入力中のモードです。セル内でカーソルが点滅し、かつ、ステータスバーの左下に「入力」と表示されます。「編集」モードとは、セル内のデータを編集中のモードであり、セル内または数式バー内でカーソルが点滅し、かつ、ステータスバーの左下に「編集」と表示されます。「入力」モードまたは「編集」モードになっていると、[表示]タブの[マクロ]ボタンがグレーアウトしてクリックできず、実行できません。また、Chapter05で紹介する別の実行方法も使えなくなります。

「編集」モードで実行できない例

セル内でカーソルが点滅

グレーアウトしてクリックできなくなる

「編集」と表示されている

「入力」モードや「編集」モードを解除するには、任意のセルをクリックしてください。すると、カーソルが消え、かつ、ステータスバーの左下に「準備完了」(Excel 2010なら「コマンド」)と表示されます。このモードならマクロを実行できます。解除方法は他にも、Esc キーを押すなどがあります。

請求書を自動作成する マクロを作ってみよう

Chapter 04

こんな操作を
これから自動化

本書サンプルの紹介

本書では、ある1つのサンプルの作成を通じて、VBAの基本となる知識、およびノウハウを順に学んでいきます。本節では、サンプルを紹介します。

サンプルのブック名は「**販売管理**」とします。ワークシート「売上」の表に商品の売上データを入力して管理します。ワークシート「請求書」には、請求書のひな形として、定型の文言や罫線や数式などをあらかじめ入力し、書式等もあらかじめ設定しておくとします。そして、ワークシート「売上」のD2セルに顧客名を入力し、[請求書作成]ボタンをクリックすると、右図のように必要なデータをワークシート「請求書」のひな形に転記して、その顧客の請求書を自動で作成します。このようなマクロをこれから作っていきます。

本サンプルの完成版として、本書のダウンロードファイル（入手方法は2ページ）に、ブック「販売管理_完成版」（拡張子は「.xlsm」）を用意しておきましたので、実際に開いて操作し、どのような機能のマクロをこれから作るのか、ザッと把握しておきましょう。なお、同ブックを開いた際、「セキュリティの警告」が表示されたら、リボンの下に表示される［マクロの有効化］をクリックしてください。把握し終えたら、ブックを保存せずに閉じてください。

ワークシート構成と機能の概要

ワークシート「売上」

	A	B	C	D	E	F	G
1	売上						
2			顧客	コマパ商事	請求書作成		
3							
4	日付	顧客	商品ID	商品名	単価	数量	小計
5	2018/1/24	中西不動産	B002	無線LAN子機	¥2,000	4	¥8,000
6	2018/1/24	デンキのヨネヤ	C001	光学マウス	¥680	2	¥1,360
7	2018/1/25	横関工務店	A002	USBメモリ32GB	¥1,200	1	¥1,200
8	2018/1/25	コマパ商事	A003	SDカード64GB	¥2,800	5	¥14,000
9	2018/1/25	コマパ商事	A001	SDカード32GB	¥1,500	2	¥3,000
10	2018/1/26	中西不動産	B001	LANケーブル	¥800	3	¥2,400
11	2018/1/26	TSUWAGG	C002	ワイヤレスマウス	¥3,000	1	¥3,000
12	2018/1/26	TSUWAGG	A001	SDカード32GB	¥1,500	4	¥6,000
13	2018/1/27	中西不動産	B002	無線LAN子機	¥2,000	2	¥4,000
14	2018/1/27	中西不動産	A001	SDカード32GB	¥1,500	3	¥4,500
15	2018/1/28	コマパ商事	B003	無線LANルータ	¥13,000	2	¥26,000
16	2018/1/28	コマパ商事	B002	無線LAN子機	¥2,000	5	¥10,000
17	2018/1/28	デンキのヨネヤ	A003	SDカード64GB	¥2,800	2	¥5,600
18	2018/1/29	TSUWAGG	A001	SDカード32GB	¥1,500	1	¥1,500
19	2018/1/30	横関工務店	A004	USBメモリ64GB	¥3,000	3	¥9,000
20	2018/1/30	コマパ商事	C002	ワイヤレスマウス	¥3,000	1	¥3,000
21							

売上　商品　請求書

売上データ

A列：日付
B列：顧客
C列：商品ID
D列：商品名
E列：単価
F列：数量
G列：小計

D～E列はC列のデータを元に、ワークシート「商品」からVLOOKUP関数で取得。G列にはE列とF列の積を求める数式をあらかじめ入力

F3セルはTODAY関数で
現在の日付を表示

ワークシート「請求書」

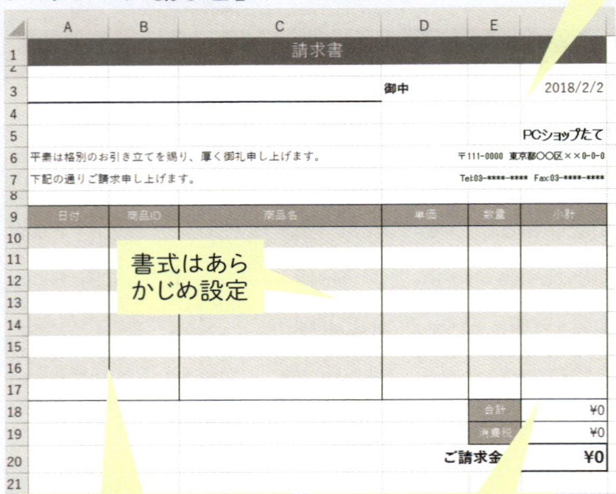

列の構成は「顧客」を
除き、売上データと同じ

A列：日付
B列：商品ID
C列：商品名
D列：単価
E列：数量
F列：小計

F18〜20セルは小
計など必要な数式を
あらかじめ入力

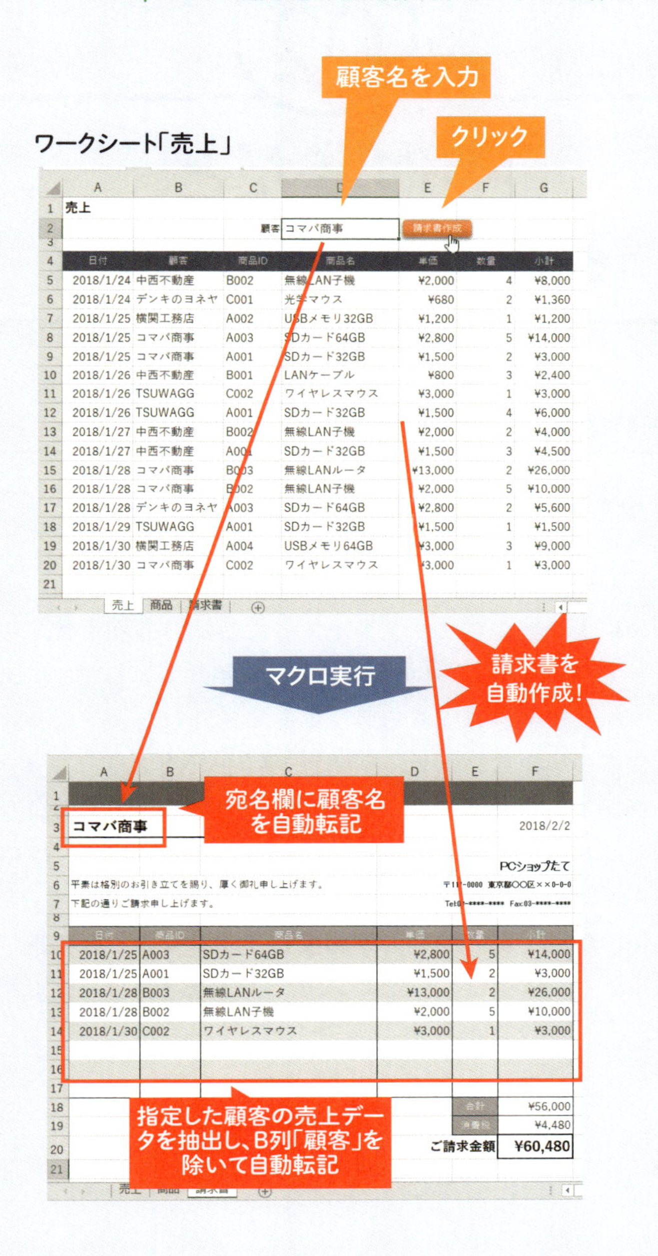

売上

顧客 コマパ商事　請求書作成

日付	顧客	商品ID	商品名	単価	数量	小計
2018/1/24	中西不動産	B002	無線LAN子機	¥2,000	4	¥8,000
2018/1/24	デンキのヨネヤ	C001	光学マウス	¥680	2	¥1,360
2018/1/25	横関工務店	A002	USBメモリ32GB	¥1,200	1	¥1,200
2018/1/25	コマパ商事	A003	SDカード64GB	¥2,800	5	¥14,000
2018/1/25	コマパ商事	A001	SDカード32GB	¥1,500	2	¥3,000
2018/1/26	中西不動産	B001	LANケーブル	¥800	3	¥2,400
2018/1/26	TSUWAGG	C002	ワイヤレスマウス	¥3,000	1	¥3,000
2018/1/26	TSUWAGG	A001	SDカード32GB	¥1,500	4	¥6,000
2018/1/27	中西不動産	B002	無線LAN子機	¥2,000	2	¥4,000
2018/1/27	中西不動産	A001	SDカード32GB	¥1,500	3	¥4,500
2018/1/28	コマパ商事	B003	無線LANルータ	¥13,000	2	¥26,000
2018/1/28	コマパ商事	B002	無線LAN子機	¥2,000	5	¥10,000
2018/1/28	デンキのヨネヤ	A003	SDカード64GB	¥2,800	2	¥5,600
2018/1/29	TSUWAGG	A001	SDカード32GB	¥1,500	1	¥1,500
2018/1/30	横関工務店	A004	USBメモリ64GB	¥3,000	3	¥9,000
2018/1/30	コマパ商事	C002	ワイヤレスマウス	¥3,000	1	¥3,000

売上 | 商品 | 請求書

コマパ商事　2018/2/2

PCショップたて

平素は格別のお引き立てを賜り、厚く御礼申し上げます。　〒11?-0000 東京都○○区××0-0-0

下記の通りご請求申し上げます。　Tel:0?-****-****　Fax:03-****-****

日付	商品ID	商品名	単価	数量	小計
2018/1/25	A003	SDカード64GB	¥2,800	5	¥14,000
2018/1/25	A001	SDカード32GB	¥1,500	2	¥3,000
2018/1/28	B003	無線LANルータ	¥13,000	2	¥26,000
2018/1/28	B002	無線LAN子機	¥2,000	5	¥10,000
2018/1/30	C002	ワイヤレスマウス	¥3,000	1	¥3,000

合計	¥56,000
消費税	¥4,480
ご請求金額	¥60,480

Chapter 04

手作業だと、どんな操作になる？

手作業での作成手順を一度確認しよう

前節では本書サンプルとして、請求書を自動作成するマクロを紹介しましたが、もし手作業で作成するとしたら、どのような操作になるでしょうか？　ここで一度確かめてみましょう。

目的の顧客の売上データを抽出する方法は何通りか考えられますが、ここではExcelのフィルター機能を利用するとします。また、売上データを請求書へ転記する際、前節で紹介したように、請求書の表には顧客の列がないため、B列「顧客」は不要となります。B列を除いて転記する方法は何通りか考えられますが、ここではB列を非表示にしてからコピーして貼り付けるとします。貼り付けは罫線などの書式が反映されないよう、値のみ貼り付けるとします。

さらに、続けて別の顧客の請求書を作成することも考慮し、最後にフィルターを解除し、非表示にしたB列を再表示するとします。

手作業で作成する手順

【操作 1】宛名を入力

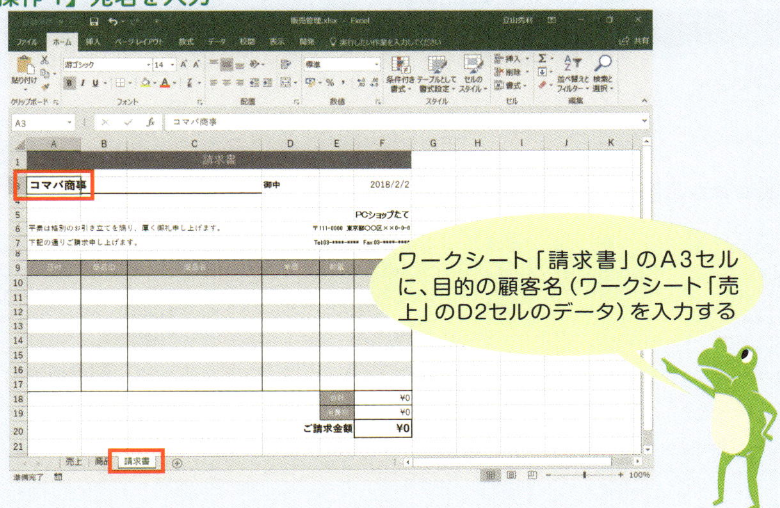

ワークシート「請求書」のA3セルに、目的の顧客名（ワークシート「売上」のD2セルのデータ）を入力する

【操作 2】フィルターをオンにする

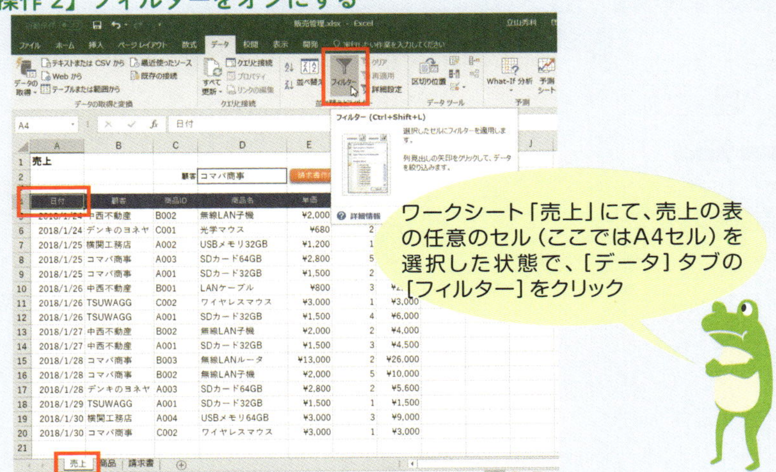

ワークシート「売上」にて、売上の表の任意のセル（ここではA4セル）を選択した状態で、［データ］タブの［フィルター］をクリック

【操作 3】目的の顧客のデータを抽出

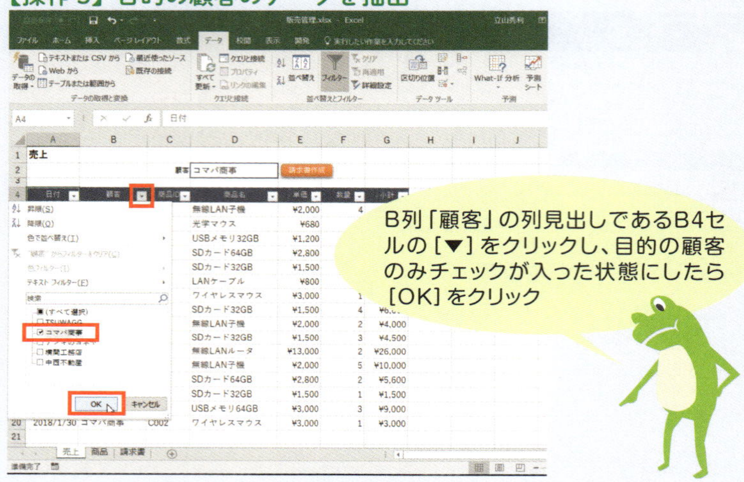

B列「顧客」の列見出しであるB4セルの［▼］をクリックし、目的の顧客のみチェックが入った状態にしたら［OK］をクリック

【操作 4】B 列「顧客」を非表示にする

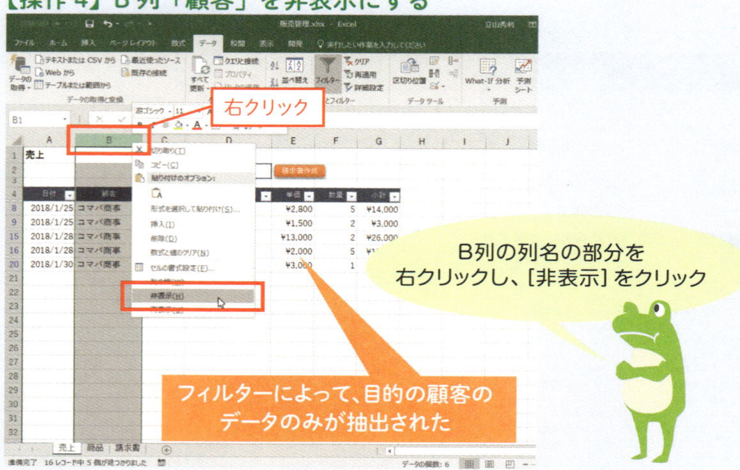

【操作 5】売上データをコピー

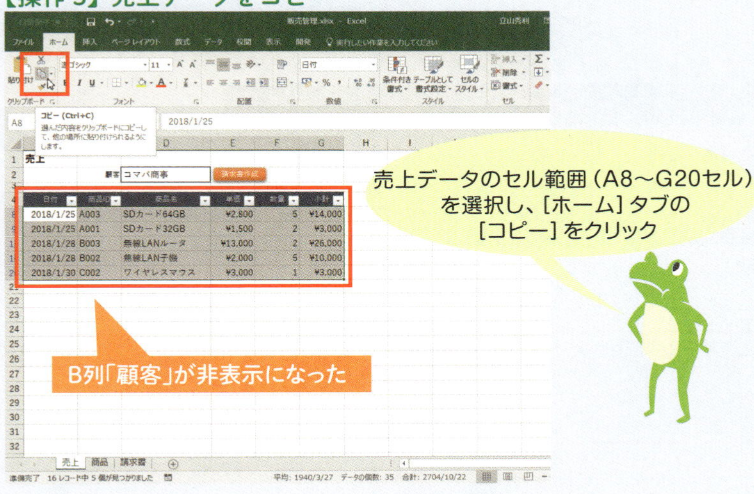
売上データのセル範囲（A8～G20セル）を選択し、[ホーム] タブの [コピー] をクリック

B列「顧客」が非表示になった

【操作 6】請求書に値のみ貼り付け

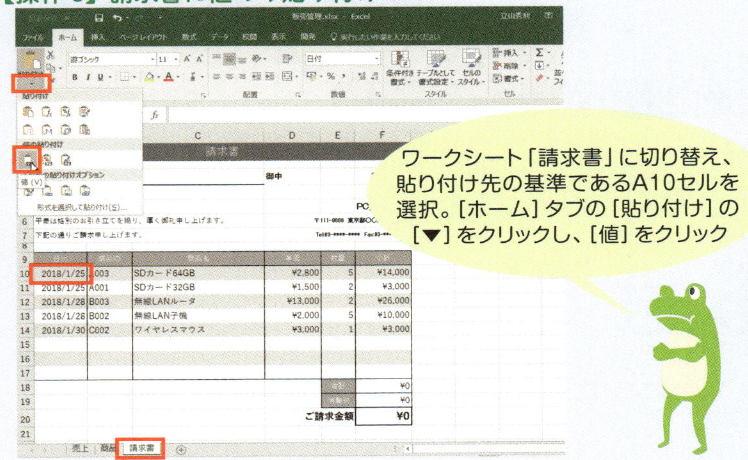
ワークシート「請求書」に切り替え、貼り付け先の基準であるA10セルを選択。[ホーム] タブの [貼り付け] の [▼] をクリックし、[値] をクリック

【操作 7】売上データが転記された

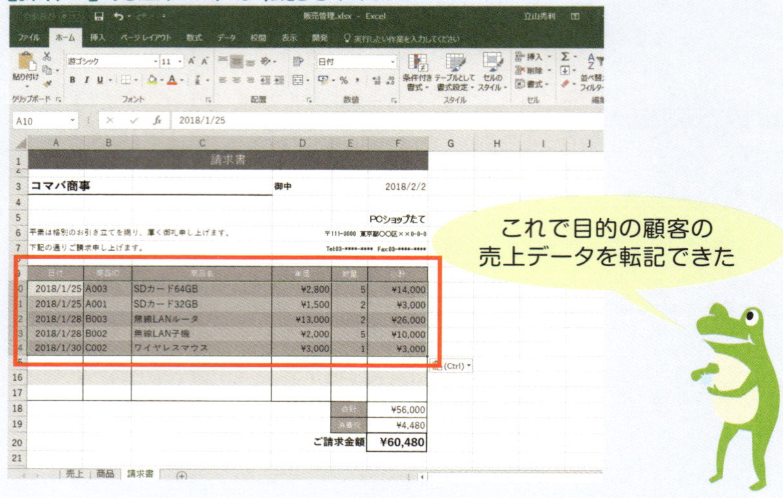

これで目的の顧客の
売上データを転記できた

【操作 8】非表示にした B 列「顧客」を再び表示

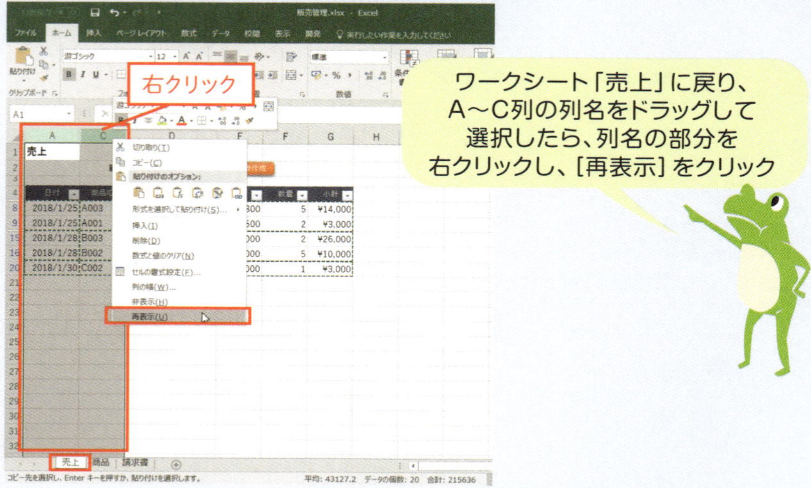

右クリック
ワークシート「売上」に戻り、
A～C列の列名をドラッグして
選択したら、列名の部分を
右クリックし、[再表示] をクリック

【操作 9】フィルターを解除

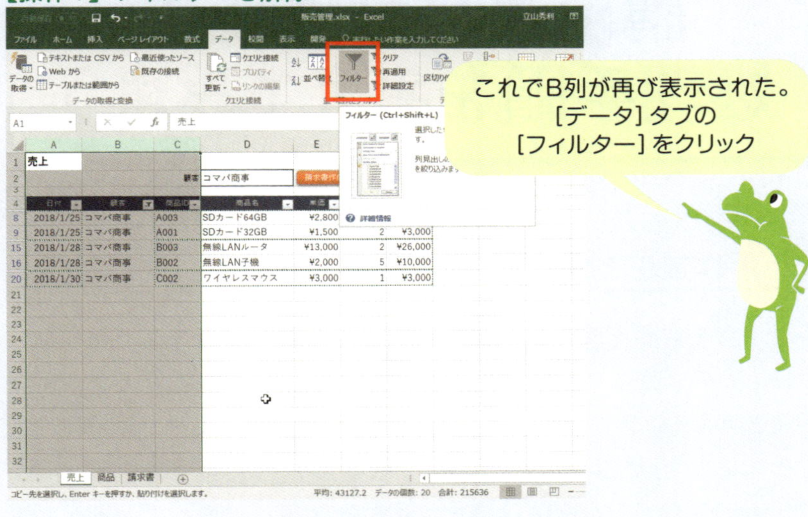

	A	B	C	D	E	F	G
1	売上						
2			顧客	コマバ商事			
4	日付	顧客	商品ID	商品名	単価		
8	2018/1/25	コマバ商事	A003	SDカード64GB	¥2,800		
9	2018/1/25	コマバ商事	A001	SDカード32GB	¥1,500	2	¥3,000
15	2018/1/28	コマバ商事	B003	無線LANルータ	¥13,000	2	¥26,000
16	2018/1/28	コマバ商事	B002	無線LAN子機	¥2,000	5	¥10,000
20	2018/1/30	コマバ商事	C002	ワイヤレスマウス	¥3,000	1	¥3,000

操作完了

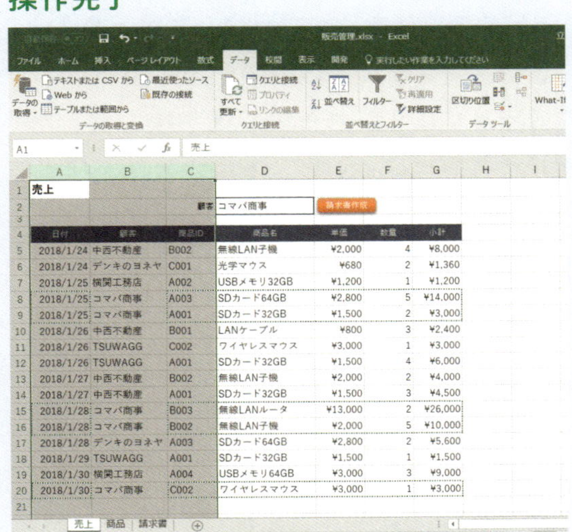

	A	B	C	D	E	F	G
1	売上						
2			顧客	コマバ商事			
4	日付	顧客	商品ID	商品名	単価	数量	小計
5	2018/1/24	中西不動産	B002	無線LAN子機	¥2,000	4	¥8,000
6	2018/1/24	デンキのヨネヤ	C001	光学マウス	¥680	2	¥1,360
7	2018/1/25	横関工務店	A002	USBメモリ32GB	¥1,200	1	¥1,200
8	2018/1/25	コマバ商事	A003	SDカード64GB	¥2,800	5	¥14,000
9	2018/1/25	コマバ商事	A001	SDカード32GB	¥1,500	2	¥3,000
10	2018/1/26	中西不動産	B001	LANケーブル	¥800	3	¥2,400
11	2018/1/26	TSUWAGG	C002	ワイヤレスマウス	¥3,000	1	¥3,000
12	2018/1/26	TSUWAGG	A001	SDカード32GB	¥1,500	4	¥6,000
13	2018/1/27	中西不動産	B002	無線LAN子機	¥2,000	2	¥4,000
14	2018/1/27	中西不動産	A001	SDカード32GB	¥1,500	3	¥4,500
15	2018/1/28	コマバ商事	B003	無線LANルータ	¥13,000	2	¥26,000
16	2018/1/28	コマバ商事	B002	無線LAN子機	¥2,000	5	¥10,000
17	2018/1/28	デンキのヨネヤ	A003	SDカード64GB	¥2,800	2	¥5,600
18	2018/1/29	TSUWAGG	A001	SDカード32GB	¥1,500	1	¥1,500
19	2018/1/30	横関工務店	A004	USBメモリ64GB	¥3,000	3	¥9,000
20	2018/1/30	コマバ商事	C002	ワイヤレスマウス	¥3,000	1	¥3,000

フィルターが解除され、
売上データの表が
元の状態に戻った

Chapter 04

請求書自動作成の処理手順を考えてみよう

手作業をそのまま処理手順にする

請求書を自動作成するマクロをVBAのプログラミングで作るためには、どのようなVBAの命令文をどう並べて書けばよいのか、処理手順を考える必要があります。

そのヒントがChapter04の02で確かめた手作業での操作です。Chapter03の02（46ページ）でマクロ作成のツボとして、手作業で行う操作をそのままVBAの命令文に置き換えることが基本であると学んだのでした。

前節で実際に行った手作業での操作を改めて整理してまとめると、右図のようになります。これはマクロの処理手順そのものとして使えるのです。マクロを作成するには、これらの処理手順1～7に該当するVBAの命令文をそれぞれ書けばよいのです。つまり、ひとつひとつの処理手順をVBAの命令文に置き換えていく——言い換えると、“翻訳”していけばよいことになります。

請求書作成の処理手順

【処理手順1】宛名を入力

【処理手順2】フィルターで目的の顧客のデータを抽出

【処理手順3】B列「顧客」を非表示にする

【処理手順4】売上データをコピー

【処理手順5】請求書に値のみ貼り付け

【処理手順6】非表示にしたB列を再び表示

【処理手順7】フィルターを解除

Chapter 04

マクロ作成の大まかな流れ

処理手順は“見える化”して考えよう

マクロの処理手順はChapter03の02（46ページ）で学び、かつ、前節で考えた通り、**「手作業の操作をそのまま」がキホン**となります。まずは自動化したい操作を洗い出して、処理手順として整理します。次に、おのおのの処理手順をVBAの命令文にそのまま“翻訳”していきます。これがVBAのプログラミングでマクロを作る大まかな流れです。

処理手順を整理して考える作業は、頭の中だけで行おうとするとゴチャゴチャしてしまい、必要な処理手順が抜けたり、順番がおかしくなったりして、目的のプログラムを作れなくなってしまいます。そのような事態を避けるため、紙に手書きでもよいので、何らかのかたちで見える化することを強くオススメします。

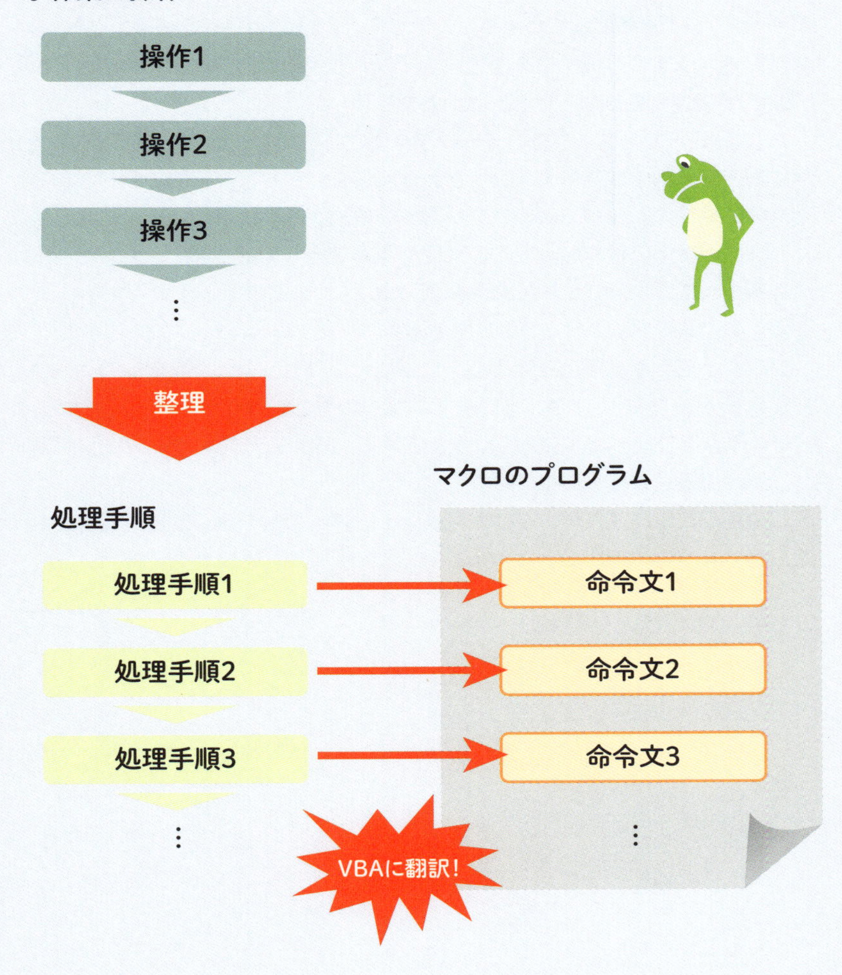
マクロは「手作業→処理手順→VBAに翻訳」で作成
手作業の操作
操作1
操作2
操作3
整理
マクロのプログラム
処理手順
処理手順1
処理手順2
処理手順3
命令文1
命令文2
命令文3
VBAに翻訳！

プログラムの本質は現実の世界と同じ

Chapter03の01では、VBAのプログラミングは「命令文を上から並べて書く」がツボであると解説しました。そして、Chapter04の03では、請求書を自動で作成する処理手順を考え、必要な処理手順を並べ、あとはそれぞれVBAの命令文に翻訳してければよいと学びました。

これらはVBAを含むプログラミング全体に共通するツボですが、現実の世界にも通ずるものがあります。たとえば料理のレシピは、目的の料理を作るための調理手順が並べて書かれています。料理をする人は、レシピに書かれている調理手順に従えば、目的の料理を作ることができます。レシピは目的の料理を作るための命令書と言えます。おのおのの調理手順は命令文であり、適切な順で並べて書かれていると言えます。

プログラミングと対比させると、レシピがプログラムに、料理する人がコンピューターに該当します。レシピは人間にわかる言葉で書かれていますが、プログラムはコンピューターにわかる言葉（＝プログラミング言語。ExcelならVBA）で書かれています。

このようにプログラミングは実は現実の世界と本質が同じであるとわかれば、親しみがわくのではないでしょうか。

Chapter 05 VBAはじめの一歩

Chapter 05

01 プログラムを書くツールを立ち上げよう

 VBA編集の専用ツール「VBE」を開く

本章から、本書サンプル「販売管理」で、請求書を自動作成するマクロのプログラムをVBAで記述していきます。まずはChapter05の03まで、その準備を行います。

それでは、ダウンロードファイル（2ページ参照）のブック「販売管理.xlsx」を開いてください。このブックはVBAのプログラムが一切無い状態です。これからChapter08にかけて、目的のプログラムを段階的に作り上げていきます。

VBAのプログラムを記述するには、VBEを用います。VBAを編集するための専用ツールであり、Chapter02の05でも登場しました。では、ショートカットキーの Alt + F11 キーを押して、VBEを立ち上げてください。

なお、いずれかのセルが編集モード（セル内でカーソルが点滅した状態）になっていると、Alt + F11 キーを押してもVBEが開きません。その場合は別のセルをクリックするなどして、編集モードを解除してください。

「販売管理.xlsx」を開き、VBEも開く

ブック「販売管理.xlsx」

Windowsの設定で拡張子が非表示になっているなら、
「.xlsx」は表示されません

「販売管理.xlsx」を開き、続けてVBEを開いた直後の画面

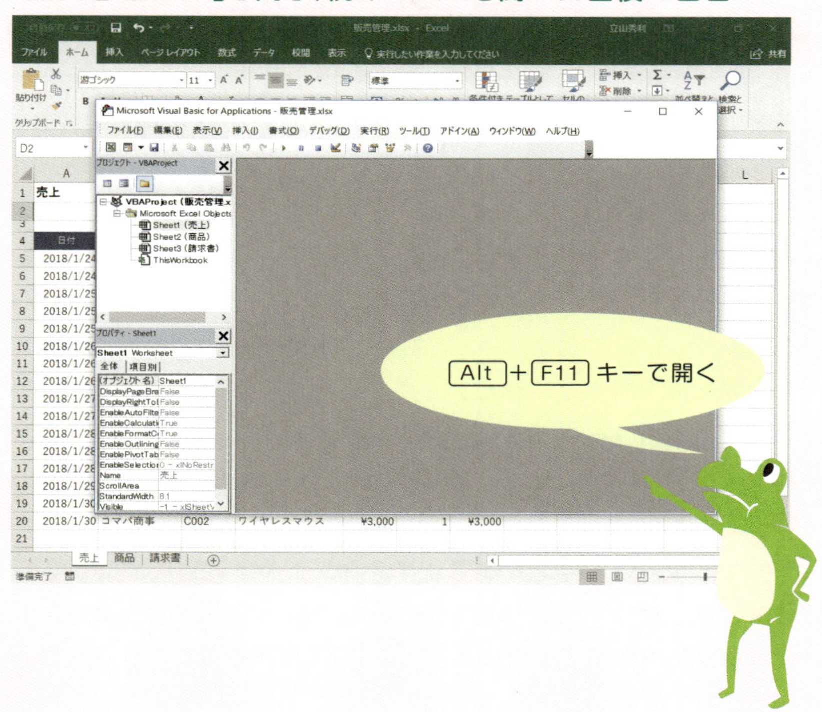

Chapter 05

VBEの使い方は最低限これだけ押さえればOK

この2つの役割と関係を把握しよう

VBEにはさまざまな機能があり、何やら難しそうに見えますが、「プロジェクトエクスプローラー」と「コードウィンドウ」の役割と関係さえ把握していればOKです。

VBEでは、VBAのプログラムを書く“場所”をファイルのようなもので管理します。このファイルのようなもののことを「**モジュール**」と呼びます。モジュールは1つのブックで複数使うことができ、それらの管理を行うのがプロジェクトエクスプローラーです。VBEの画面左上にあるツリーになります。よく見ると、フォルダーのアイコンの下に、「Sheet1（売上）」などファイルのアイコンが4つあるのが確認できます。このファイルがモジュールになります。

モジュールのアイコンをダブルクリックすると、VBEの画面右側に開き、カーソルが点滅して文字が入力可能な状態になります。この領域がコードウィンドウであり、ここにVBAのプログラムを記述します。

ここでモジュールを開く体験として、右図のように「ThisWorkbook」を一度開き、確認したら閉じてみましょう。

モジュールを開く体験をしよう

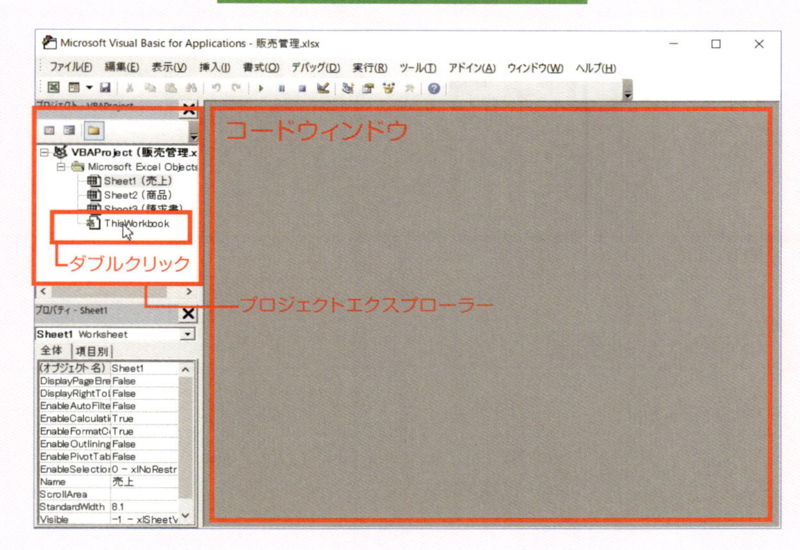

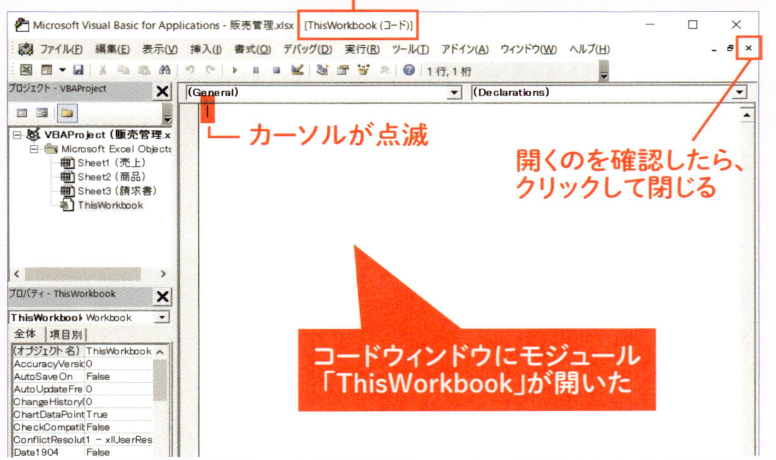

Chapter 05

プログラムはどこに書けばいい？

「Modlue1に書く」とおぼえればOK！

VBAのプログラムは、複数あるモジュールのどれに書けばよいのでしょうか？　その厳密なルールは初心者には難しいので、ここではあえて解説しません。初心者は次のようにおぼえておけばOKです。

「標準モジュール」フォルダー以下にあるモジュール「Module1」に書く

しかし、困ったことにプロジェクトエクスプローラーを見ても、「標準モジュール」フォルダーも「Module1」のアイコンも見あたりません。実は両者は標準では最初から用意されておらず、ユーザーが自分で挿入する必要があります。何ともメンドウですが、そういうルールとなっています。

挿入の手順は右ページの図の通りです。挿入すると、Module1がコードウィンドウに自動で開き、プログラムを記述できる状態になります。

なお、もしModule1の冒頭に「Option Explicit」が自動で書かれてあれば、削除しておいてください。この解説は本書では割愛させていただきます。

Module1を挿入する手順

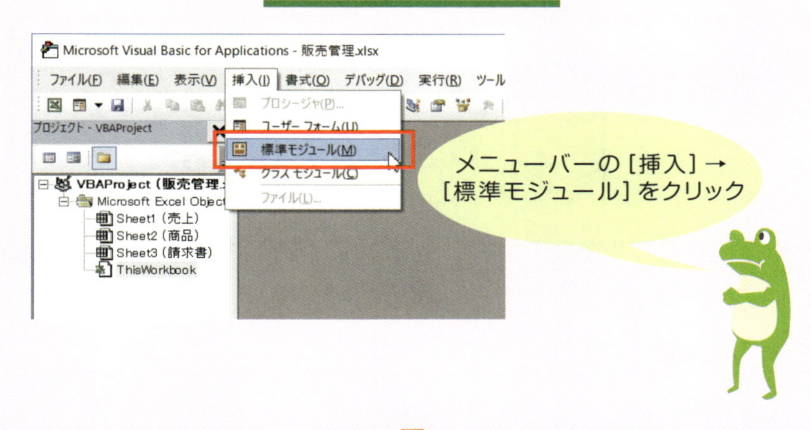

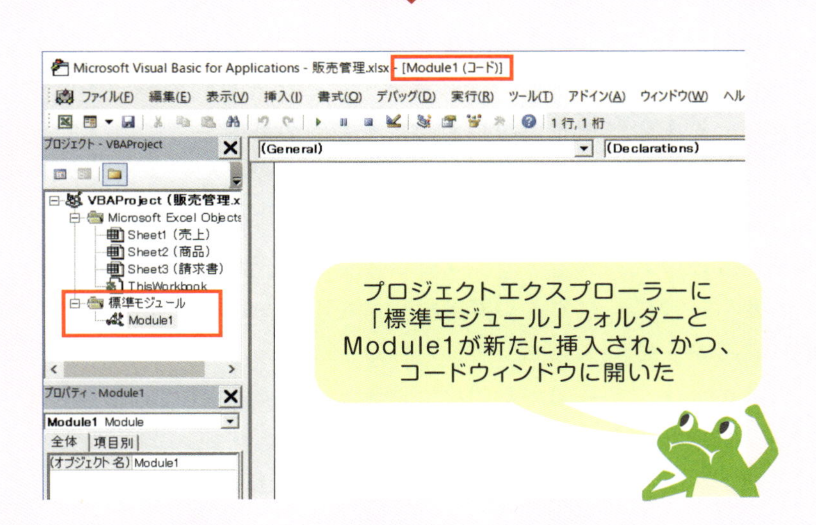

Chapter 05

何はともあれ命令文の“入れ物”が必要

“入れ物”は「Subプロシージャ」

Module1を挿入でき、これで準備が整いました。これからいよいよ、請求書を自動作成するマクロのプログラムを記述していきます。

そのなかで、VBAの文法やルールを学んでいきます。それらは多岐に及ぶのですが、本書では必要最小限となる基礎の基礎の文法・ルールのみを学びます。初心者はまず基礎の基礎を身に付けてください。あとの文法・ルールはその発展や応用なので、その後の学習もスムーズに進むでしょう。また、基礎の基礎だけとはいえ、それなりの分量の文法・ルールが登場しますが、Chapter03の07で述べたように無理に暗記する必要はないので、自分のペースでゆっくり取り組んでください。

VBAの文法・ルールで最初に登場するのが、「**Subプロシージャ**」という仕組みです。Chapter03の01で「命令文を上から並べて書く」が大原則と解説しましたが、VBAでは命令文は必ず“入れ物”の中に記述するというルールになっています。その“入れ物”がSubプロシージャです。書式は右図の通りです。

VBAのプログラミングは、最初にこの“入れ物”を用意することから始めます。

Subプロシージャの書式とイメージ

Subプロシージャの書式

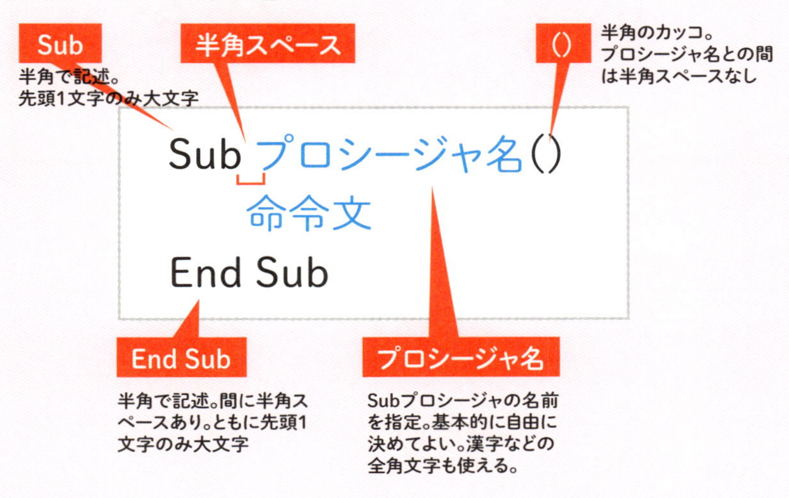

Subプロシージャは命令文の"入れ物"

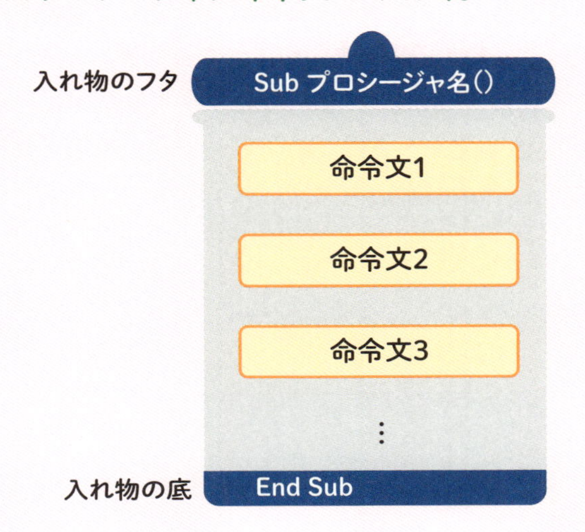

Chapter 05

Subプロシージャを書いてみよう

書式にあわせてSubプロシージャを書く

前節でSubプロシージャを学んだところで、さっそく記述してみましょう。プロシージャ名は何でもよいのですが、今回は漢字で「請求書作成」とします。このプロシージャ名を書式に当てはめると、右ページのようになります。

では、このコードをModule1に記述してください。「コード」とはプログラムの文字列のことです。命令文と同じ意味と捉えてください。本書では以降、この「コード」という言葉を随時使っていくとします。

これでSubプロシージャ「請求書作成」という“入れ物”を作成できました。この“入れ物”の中に、請求書を自動作成するために必要な命令文を記述します。命令文を1つずつ順に記述し、その都度動作確認することで、段階的に作成していきます。

Module1にSubプロシージャ「請求書作成」を記述

Subプロシージャ「請求書作成」のコード

```
Sub 請求書作成()


End Sub
```

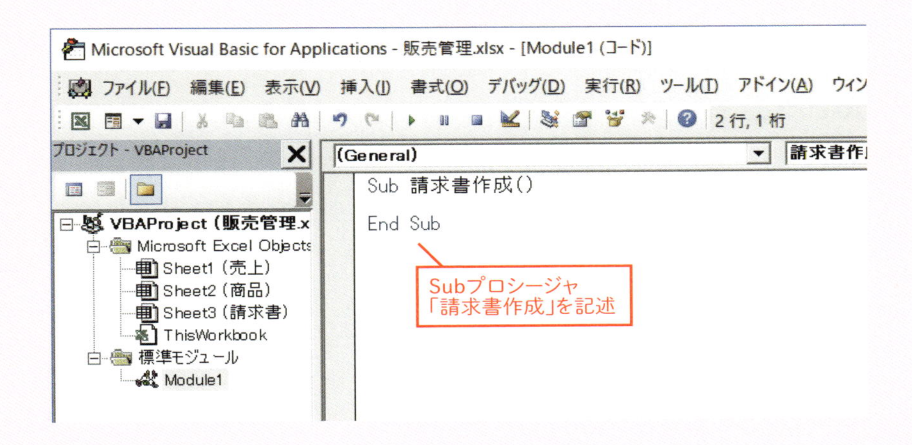

Column

VBEが補完してくれる！

「Sub 請求書作成」まで記述した状態で、Enter キーを押すと、「()」が自動で入力され、なおかつ、2行ぶん自動で改行された後、「End Sub」が自動で入力されます。このようにして場合によってはVBEが入力を補完してくれます。

Chapter 05

簡単な命令文を1つ書いてみよう

簡単な命令文で練習しよう

これからSubプロシージャ「請求書作成」の中に、請求書を自動作成する命令文を書いていきたいところですが、そのような命令文をいきなり記述するのは、実は初心者には文法・ルールなどの点で少々ハードルが高いことです。

そこで、ちょっと回り道して、請求書の自動作成とは関係ない簡単な命令文を練習として記述するとします。さらに次節以降から本章末にかけて、命令文の実行方法や記述の際の注意点などを学びます。請求書の自動作成する命令文を記述するのは次章からとします。

ここで練習として記述するのは、「メッセージボックス」という小さなウィンドウを表示する命令文とします。メッセージボックス上には指定した数値や文字列を表示できます（実物は次節で登場します）。メッセージボックスを表示する命令文の書式は右図の通りです。

今回はメッセージボックスに数値の「10」を表示するとします。その命令文のコードは書式に従えば、「MsgBox」の後ろに、半角スペースに続けて10を記述すればよいとわかります（右図）。では、このコードをSubプロシージャ「請求書作成」の中に記述してください。Tabキーでインデントして記述するとします。インデントについてChapter 05の12（106ページ）で改めて解説します。

メッセージボックスを表示する命令文の書式

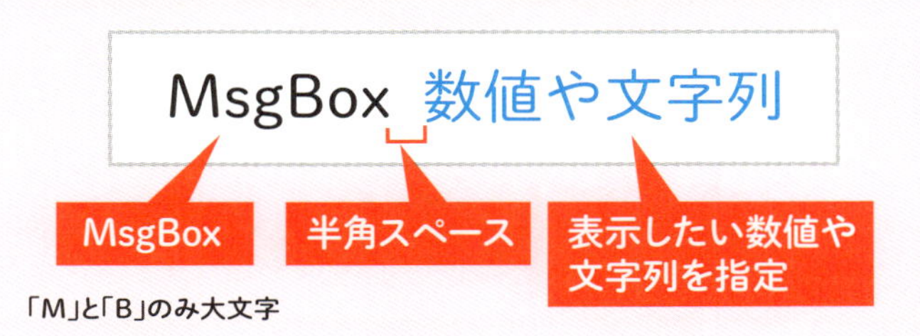

メッセージボックスに10を表示する命令文のコード

```
MsgBox 10
```

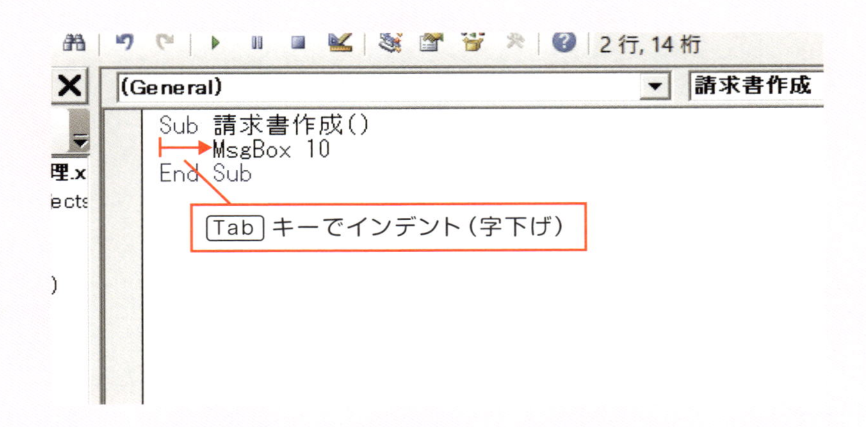

Chapter 05

プログラムを実行してみよう

Subプロシージャ単位で実行する

これでSubプロシージャ「請求書作成」の中に、「MsgBox 10」という命令文が記述できました。では、さっそく実行してみましょう。Chapter03の05で概要を学んだ「段階的に作り上げる」ノウハウでは、命令文を1つ書いたら、必ずその場で動作確認するのでした。その体験も兼ねて、ここで実行します。

VBAのプログラムは基本的に、Subプロシージャ単位で実行するルールとなっています。具体的な実行方法は何通りか用意されています。ここでは「マクロ」ダイアログボックスから実行する方法を右図の通り解説します。無事実行できると、ワークシート上にメッセージボックスが表示され、その上に「10」と表示されます。

もし、コード記述中に「コンパイルエラー」が表示されたら、プログラムに誤りがあるので、Chapter05の13を参考に修正し、再度実行してください。また、実行したらメッセージボックスではなく、「実行時エラー」という画面が表示された場合も、プログラムに誤りがあります。Chapter05の14を参考に修正した後、再度実行してみましょう。

「マクロ」画面から実行する操作手順

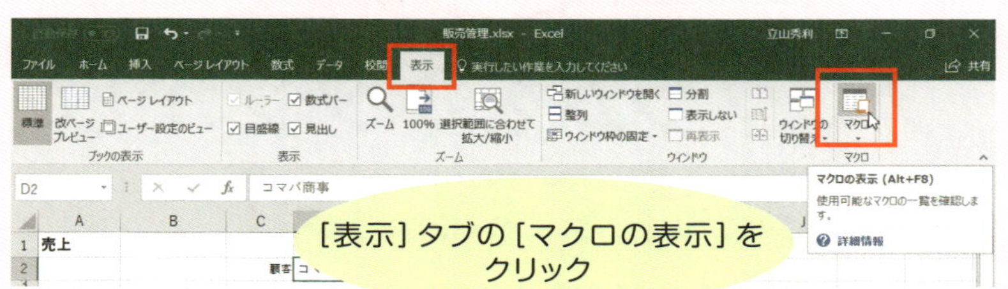
[表示] タブの [マクロの表示] をクリック

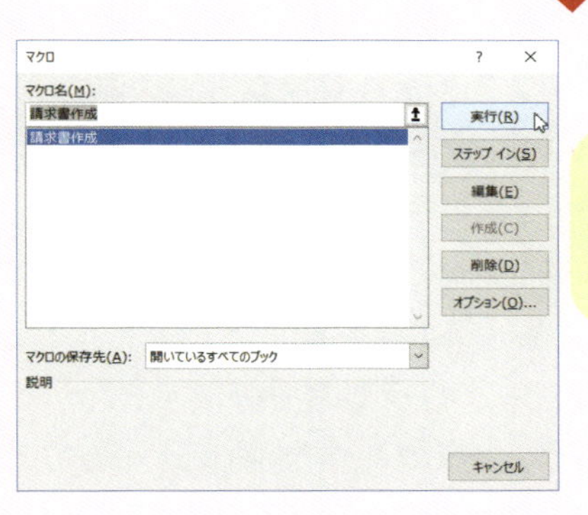
「マクロ」ダイアログボックスが表示される。Subプロシージャが一覧表示されるので、[請求書作成] を選び、[実行] をクリック

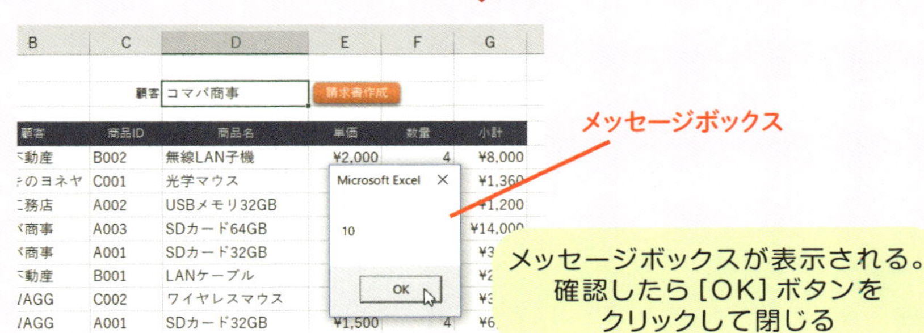
メッセージボックス
メッセージボックスが表示される。確認したら [OK] ボタンをクリックして閉じる

Chapter 05

プログラムをボタンから実行するには？

図形で作成したボタンから実行できる

VBAのプログラムは「マクロ」ダイアログボックス以外に、ワークシート上に配置したボタンをクリックすることでも実行できます。ボタンは図形で作成します。あらかじめ作成しておいたボタンに、実行したいSubプロシージャを右ページの手順で登録します。

ここでは、ワークシート「売上」にあらかじめ配置してある［請求書作成］ボタンに、Subプロシージャ「請求書作成」を登録するとします。同ボタンは図形の「角丸四角形」で作成したものです。

次節以降、同Subプロシージャの中身の命令文を、メッセージボックスを表示するものではなく、請求書を自動作成するものに順次書き換えていきます。その結果、同ボタンクリックで、請求書を自動作成するようにできます。

Subプロシージャ「請求書作成」をボタンに登録

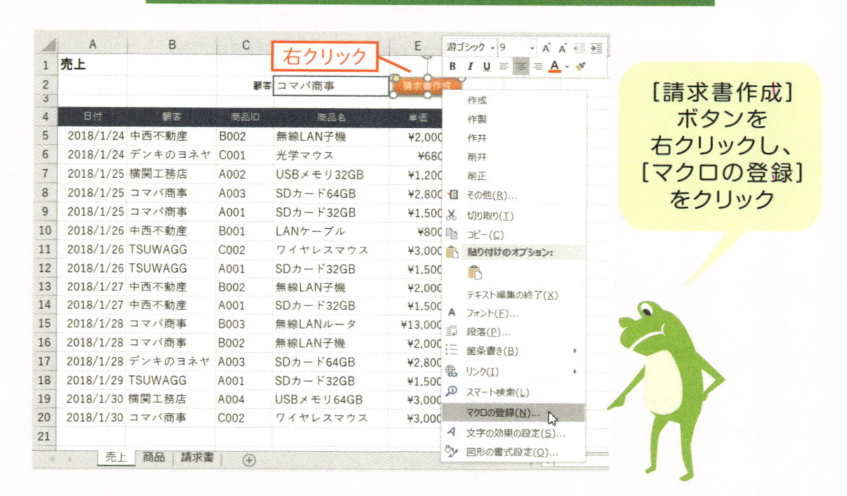

日付	顧客	商品ID	商品名	単価
2018/1/24	中西不動産	B002	無線LAN子機	¥2,000
2018/1/24	デンキのヨネヤ	C001	光学マウス	¥680
2018/1/25	横関工務店	A002	USBメモリ32GB	¥1,200
2018/1/25	コマバ商事	A003	SDカード64GB	¥2,800
2018/1/25	コマバ商事	A001	SDカード32GB	¥1,500
2018/1/26	中西不動産	B001	LANケーブル	¥800
2018/1/26	TSUWAGG	C002	ワイヤレスマウス	¥3,000
2018/1/26	TSUWAGG	A001	SDカード32GB	¥1,500
2018/1/27	中西不動産	B002	無線LAN子機	¥2,000
2018/1/27	中西不動産	A001	SDカード32GB	¥1,500
2018/1/28	コマバ商事	B003	無線LANルータ	¥13,000
2018/1/28	コマバ商事	B002	無線LAN子機	¥2,000
2018/1/28	デンキのヨネヤ	A003	SDカード64GB	¥2,800
2018/1/29	TSUWAGG	A001	SDカード32GB	¥1,500
2018/1/30	横関工務店	A004	USBメモリ64GB	¥3,000
2018/1/30	コマバ商事	C002	ワイヤレスマウス	¥3,000

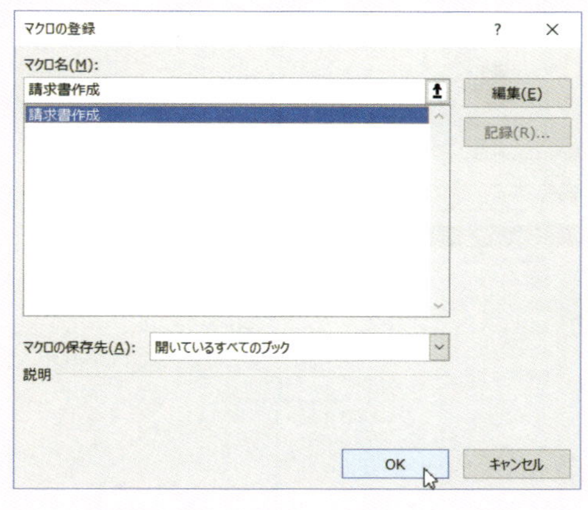

「マクロの登録」ダイアログボックスが表示される。一覧からSubプロシージャ「請求書作成」を選び、[OK]をクリック

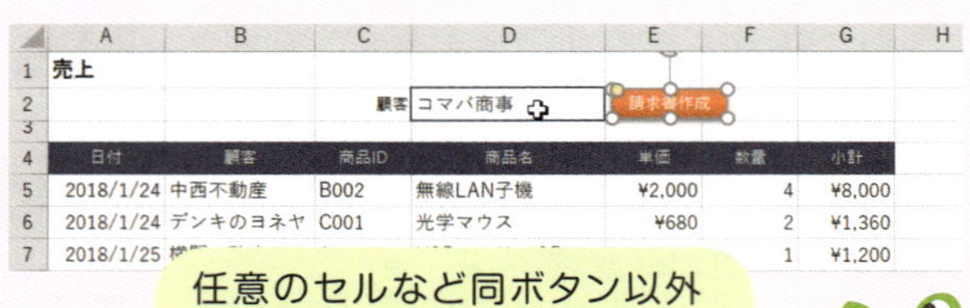

任意のセルなど同ボタン以外の場所をクリックしたり、Escキーを押したりして、ボタンの選択状態を解除する

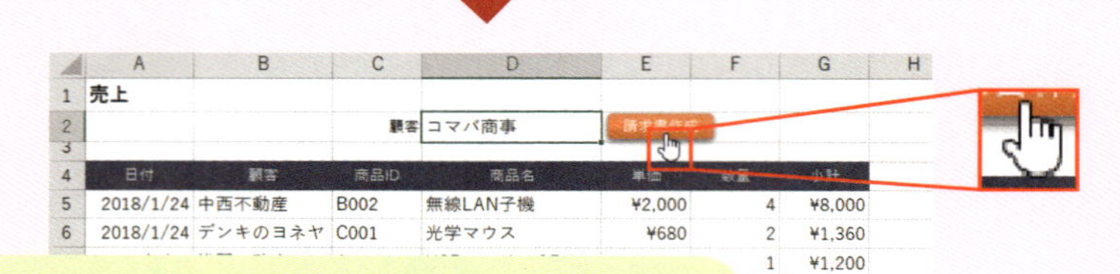

これで、Subプロシージャ「請求書作成」を同ボタンに登録でき、クリックで実行できるようになった。マウスポインターを重ねると、指の形に変化してクリック可能となることがわかる

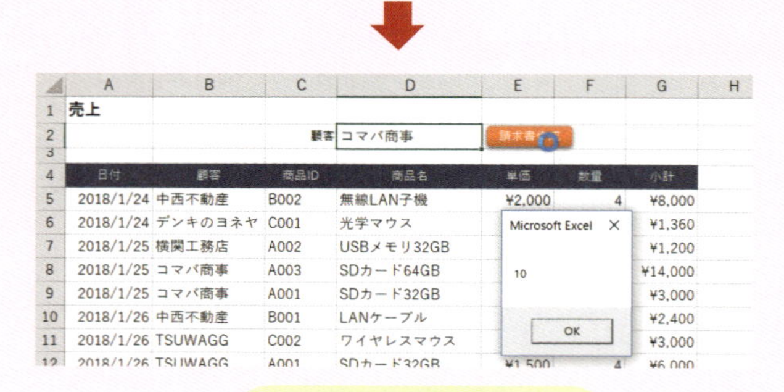

[請求書作成]ボタンをクリックすると、メッセージボックスが表示される

Chapter 05

ブックの保存は最初だけメンドウ

「マクロ有効ブック」として保存

ここで一度、ブックを保存しましょう。Excelではルールとして、VBAのプログラム（＝マクロ）があるブックは標準形式（拡張子「.xlsx」）ではなく、「**マクロ有効ブック**」（拡張子「.xlsm」）という形式で保存しなければなりません。そのため、VBAのプログラムを書いてから初めて上書き保存する際は、マクロ有効ブックの形式に名前を付けて保存する作業が必要となります。

手順は次ページの図の通りです。そういったメンドウな作業が必要なのは最初の1回だけで、以降は上書き保存を実行すれば、そのまま保存できます。

記述したVBAのプログラムは原則、ブックと一緒に紐付いたかたちで保存されます。言い換えると、マクロはブックごとに保存されることになります。

「マクロ有効ブック」の形式で保存する手順

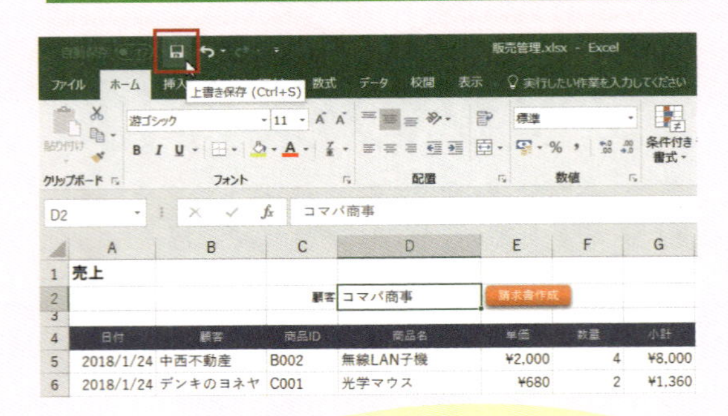

クイックアクセスツールバーの
[上書き保存]をクリックするなどして、
上書き保存を実行する

このようなメッセージ画面が
表示されるので、
[いいえ]をクリック

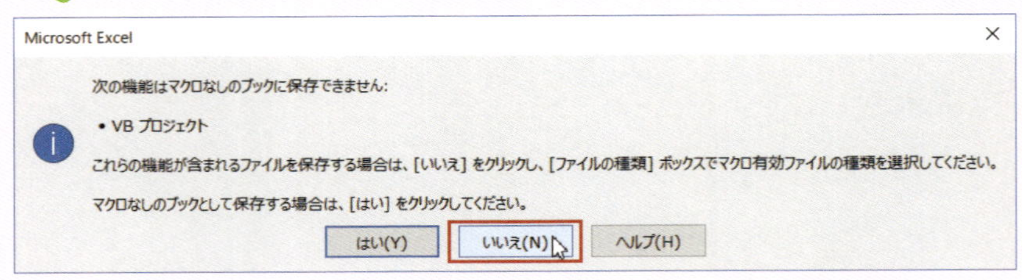

間違えて[はい]をクリック
しないよう気を付けてね

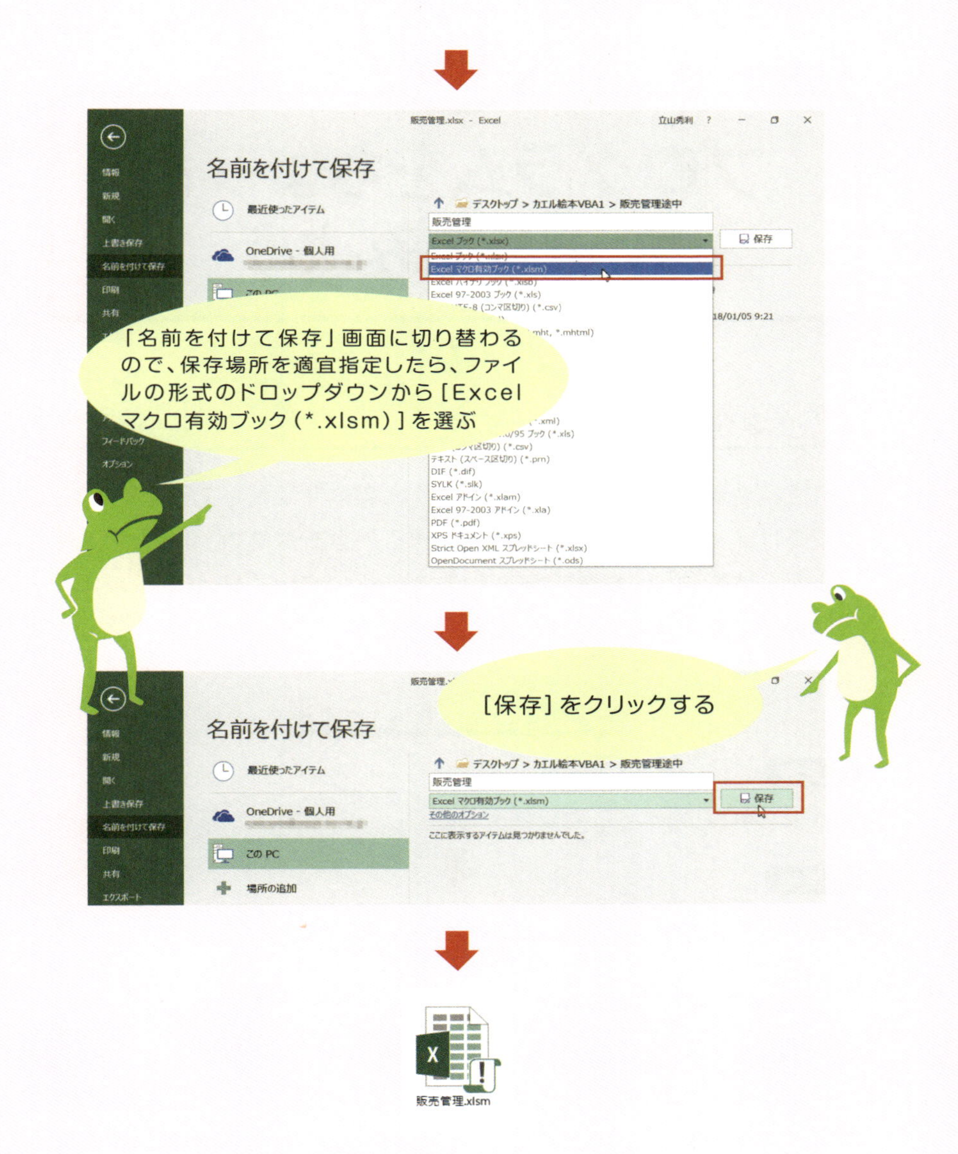

保存したマクロ有効ブック

これでマクロ有効ブックの形式として、元の標準形式のブックとは別に保存できました。フォルダー上では、このようなアイコンのブックとなります。

Chapter 05

プログラムをちょっと変更してみよう

文字列を表示するよう変更

引き続き練習として、今のプログラムを少々変更してみましょう。ここではメッセージボックスに表示する内容を数値の10から、文字列「こんにちは」に変更するとします。命令文の「MsgBox」以降を次のように変更してください。

文字列「こんにちは」に変更

変更前

```
MsgBox 10
```

変更後

```
MsgBox "こんにちは"
```

［請求書作成］ボタンをクリックするなどして実行すると、メッセージボックスに「こんにちは」と表示されます。

このようにVBAの文法では、文字列をコード内に指定する場合、目的の文字列を「"」(半角のダブルコーテーション）で囲む必要があります。「"」の中なら、漢字をはじめ全角文字も指定できます。変更前のように、数値を指定するなら「"」で囲むことは不要です。

文字列をメッセージボックスに表示

【文字列の書式】

```
"文字列"
```

コード変更後のVBE

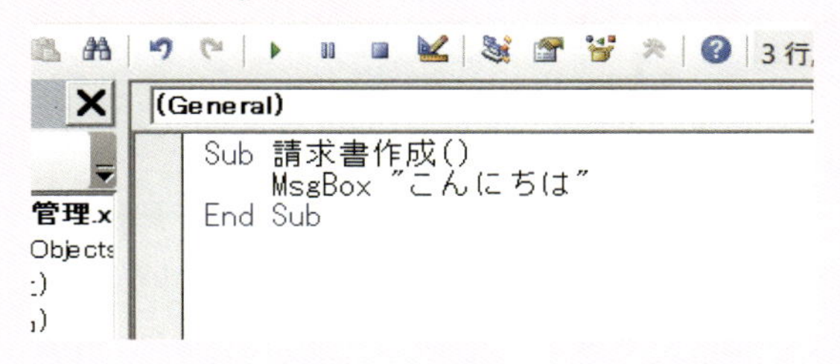

実行結果

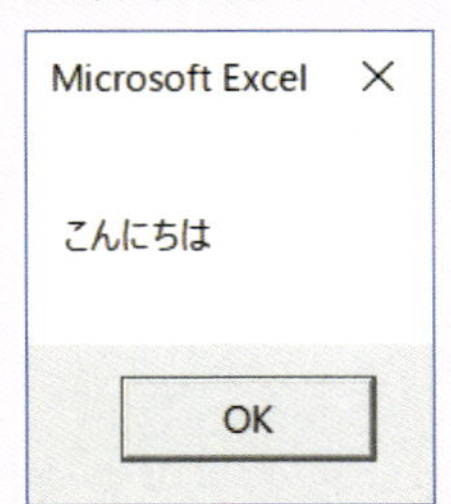

Chapter 05

大文字/小文字や全角/半角は区別されるの？

VBEが自動で修正してくれる

本節と次節では、初心者がコードの記述で抱きがちな素朴なギモンを取り上げます。本節では、大文字/小文字の区別、全角/半角の区別について解説します。

ここまでSubプロシージャをはじめ、VBAの書式をいくつか紹介しましたが、そのなかに登場する「Sub」などの定型部分の語句は半角で記述しました。プロシージャ名や文字列本体（「"」の中身）には全角文字が使えますが、それ以外は半角でした。同時に「Sub」や「MsgBox」など、大文字と小文字も書式通りに記述しました。

もしこれら全角/半角や大文字/小文字が書式に反するコードを書いたらどうなるでしょうか？　結論としては「正しく動かない」です。しかし、心配ありません。半角の箇所を全角で書いてしまっても、大文字の箇所を小文字で書いてしまっても（その逆も含む）、VBEが自動で修正してくれます。そのため、全角/半角や大文字/小文字はあまり意識してコードを記述せずに済みます。

自動修正の例

全角を半角に自動修正

```
(General)
Sub 請求書作成()
    MsgBox "こんにちは"
Ｅｎｄ　Ｓｕｂ
```

たとえば、「End Sub」のすべて（スペースも含む）を全角で書いてしまっても…

```
(General)
Sub 請求書作成()
    MsgBox "こんにちは"
End Sub
```

別の行に移動すれば、半角に自動で修正

大文字/小文字を自動修正

```
(General)
Sub 請求書作成()
    mSGboX "こんにちは"
End Sub
```

たとえば、「MsgBox」の大文字/小文字を不適切に書いてしまっても…

```
(General)
Sub 請求書作成()
    MsgBox "こんにちは"
End Sub
```

別の行に移動すれば、適切に自動で修正

Chapter 05

インデントや半角スペースは必須？

半角スペースには注意！

Subプロシージャ「請求書作成」の中では、命令文「MsgBox ～」を Tab キーでインデント（字下げ）してから記述しました。このインデントは必須なのでしょうか？　答えは「必須ではない」です。ただし、コード全体を見やすくするために、通常はインデントをします。インデントをすれば、たとえばSubプロシージャの“フタ”および“底”と“中身”といった入れ子構造がひと目でわかります。なお、本書には登場しませんが、2段以上の入れ子構造のコードだと、見やすさが飛躍的にアップします。

また、「Sub」や「MsgBox」や「End」の後に半角スペースがありますが、こちらも必須でしょうか？　答えは「必須」です。半角スペースを忘れると、ごくまれに自動で挿入されますが、通常は自動で挿入されません。忘れたままだとエラーになるので、ちゃんと決められた通りに挿入しましょう。

逆に不要な半角スペースは、入れてもたいていは自動で削除されますが、入れ方によってはエラーになるなど不要なトラブルの元になるので、基本的に入れないよう注意しましょう。

インデントと半角スペース

```
Sub 請求書作成()
    MsgBox "こんにちは"
End Sub
```

インデント(字下げ)
あった方が見やすくなるので、通常は字下げする。

必須でない

半角スペース
ないとエラーになる。

必須

Chapter 05

「コンパイルエラー」って表示された！

コードの記述中に発生するエラー

VBAの文法・ルールに反するなど不適切なコードを書くとエラーが発生します。プログラムを実行できず、エラーメッセージが表示されます。

エラーは大別して2種類あります。違いは主に発生するタイミングです。1つ目が「**コンパイルエラー**」です。原則、コードの記述中に発生します。厳密には、別の行に移動した瞬間に発生します。

原因は文法・ルール違反です。たとえば、カッコや「"」の閉じ忘れ（必ず2つが対になるのに、どちらか片方がない状態）、「Sub」とプロシージャ名の間の半角スペースを書き忘れなどのケースです。

コンパイルエラーが発生したら、右図のようにエラーメッセージを消してから、プログラムを修正しましょう。原因は特にカッコや「"」の閉じ忘れが多いので、まずはそこを疑いましょう。

なお、記述中ではなく、実行した際に発生するコンパイルエラーも一部あります。その例はChapter06の06のコラムで紹介します。

コンパイルエラーの例と対処手順

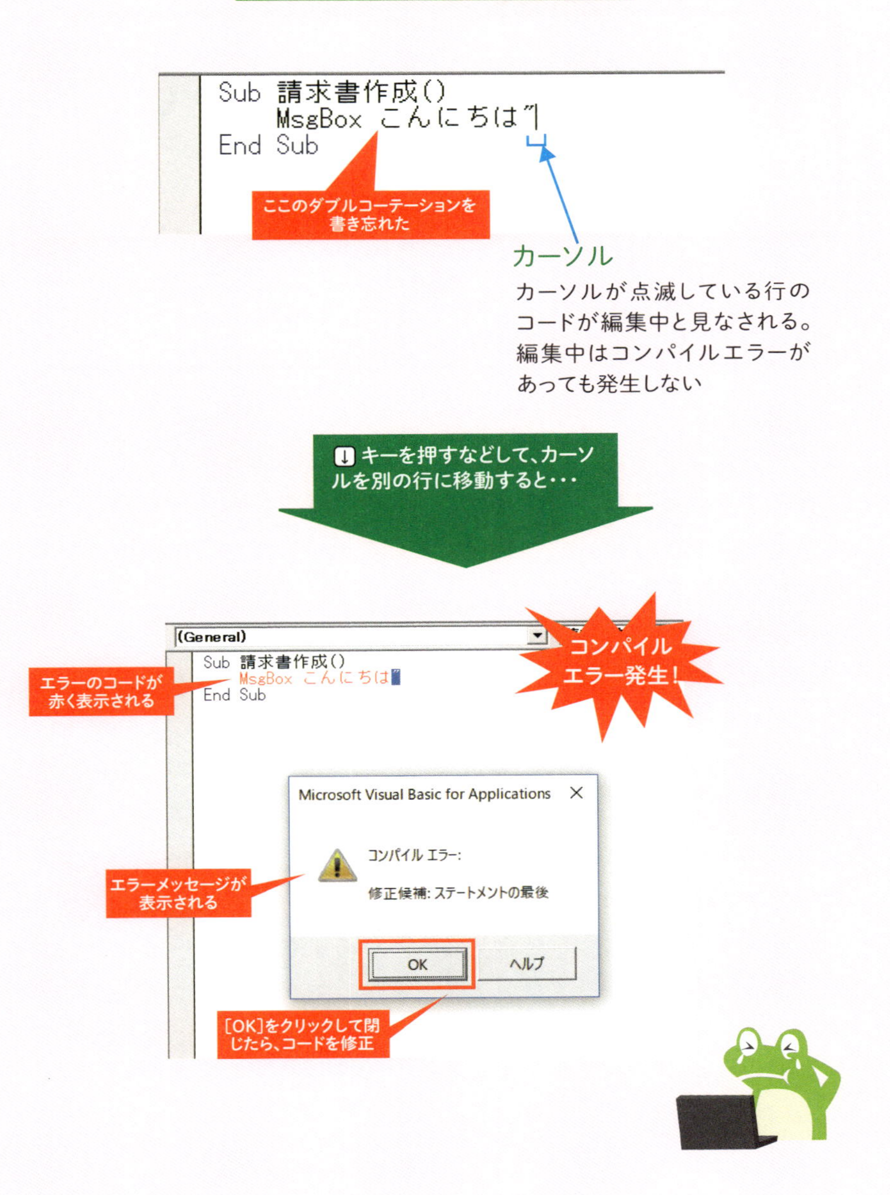

Chapter 05

「実行時エラー」って表示された！

実行したら発生するエラー

エラーの２つ目が「**実行時エラー**」です。プログラムを実行している途中で発生するエラーです。エラーが発生した命令文の地点で一時停止することになります。言い換えると、エラーの地点の直前にある命令文までは実行されますが、それ以降の命令文は実行されないことになります。

原因は文法・ルール違反も含め、非常に多岐にわたります。主に「不適切な命令文を実行しようとした」や「存在しないモノを操作しようとした」などです。前者はたとえば「MsgBox "こんにちは"+1」と、文字列に後ろに数値の1を足す「+1」を無理矢理つけて書いた場合です。後者はたとえば、ワークシートが1枚しかないのに、2枚目（存在しないワークシート）に切り替えようとした場合です。他にも、数値を0で割ろうとしたなどもあります。

実行時エラーが発生したら、右ページの手順でエラーメッセージを消し、なおかつ、一時停止状態を解除してから、プログラムを修正しましょう。一時停止状態を解除しないと、修正後に実行した際にうまく動かなくなってしまうので、忘れないよう注意してください。

実行時エラーの例と対処手順

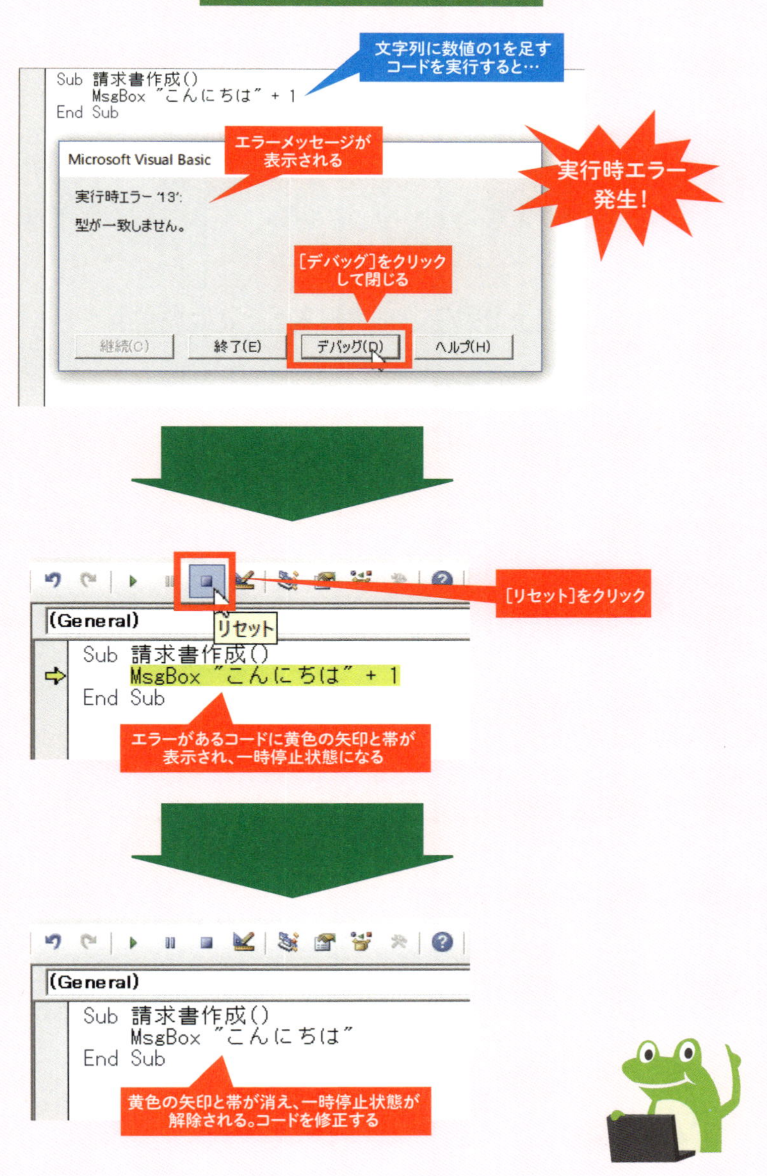

Tab キーによるインデントについて

VBEのコードウィンドウ上にて、Tabキーでインデントすると、実際に入力されるのは4つの半角スペースです。インデントの部分をクリックするか、矢印キーを押すなどしてカーソルを移動すると、半角スペースであることがわかります。一般的なテキストエディターやWordなどでは、Tabキーを押すとタブが入力されますが、VBEは4つの半角スペースが入力される点が異なります。

カーソルを移動すれば半角スペースとわかる

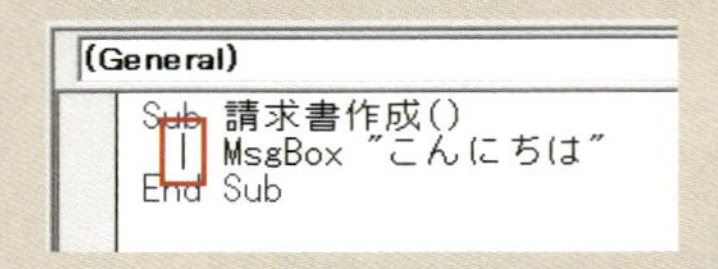

VBEでインデントを削除するには、4つの半角スペースをすべて削除する必要があります。

なお、Tabキーを押した際に入力される半角スペースの数はカスタマイズできます。VBEのメニューバーの［ツール］→［オプション］から「オプション」画面を開き、［編集］タブの「タブ間隔」欄の数値を4から変更し、［OK］をクリックします。

「オプション」画面でタブをカスタマイズ

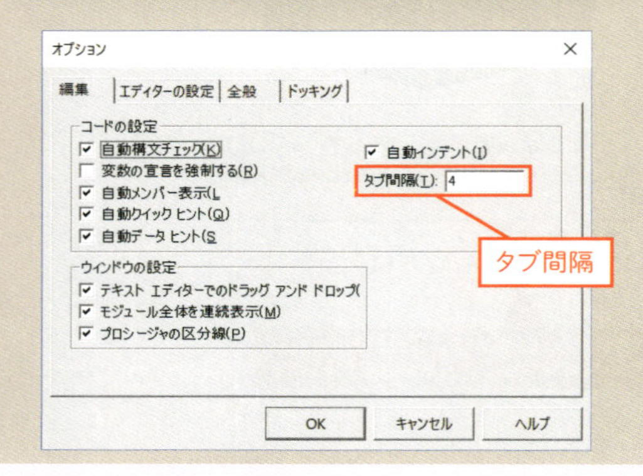

セルやシートをVBAで操作するには？

Chapter 06

VBAの命令文ってどんな構造？

基本的な構造は「[何を][どうする]」

本章からはSubプロシージャ「請求書作成」の中に、請求書を自動作成するために必要なVBAの命令文を記述していきます。命令文はChapter04の03（76ページ）で考えた処理手順に従い記述します。各々の命令文は目的のセルやワークシート（シート）に対して、データの転記をはじめ、目的の操作を自動で実行できるように書く必要があります。

そういったセルやワークシートを自動で操作する命令文はどのように書けばよいのでしょうか？　命令文の大まかな構造は基本的に右図の通りです。1つの命令文は基本的に、「**何を**」と「**どうする**」の2つの要素で構成されます。「何を」には、目的のセルやワークシートといった操作対象を書きます。「どうする」の部分には、コピーや貼り付け、フォントの色やサイズの設定など操作内容を書きます。

具体的な書き方は次節以降で解説しますので、まずはこの大まかな構造を把握しておきましょう。

命令文の大まかな構造

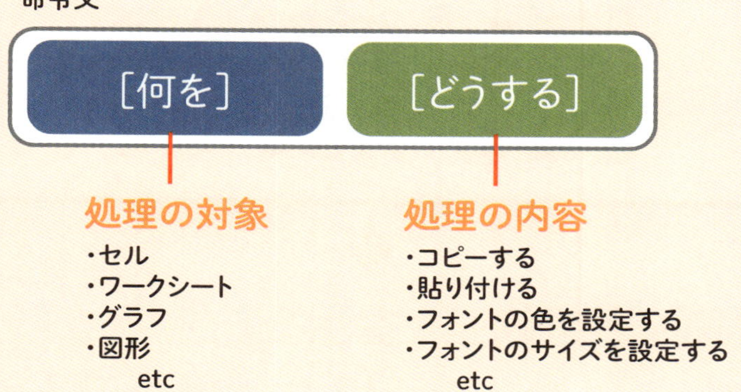
命令文
[何を]
[どうする]
処理の対象
・セル
・ワークシート
・グラフ
・図形
etc
処理の内容
・コピーする
・貼り付ける
・フォントの色を設定する
・フォントのサイズを設定する
etc

Chapter 06

［何を］の部分はどう書けばいい？

［何］は専門用語で「オブジェクト」

「［何を］［どうする］」の構造であるVBAの命令文の［何を］の部分は、専門用語で「**オブジェクト**」と呼ばれます。オブジェクトは操作対象であり、セルやワークシートをはじめ、グラフや図形など、さまざまな種類があります。

オブジェクトはVBAの文法・ルールとして、「『○○』という語句を使って、この形式で書いてね」などと、オブジェクトの種類に応じて書式が決められているので、それに従って書きます。使う語句はたとえばセルのオブジェクトならRangeなど、英単語ベースの語句があらかじめ決められています。その決められた語句を使って、どんな記号と組み合わせて、どんな形式で書けばよいのかなどが、書式としてオブジェクトの種類ごとに決められています（セルのオブジェクトの書式についてはChapter06の04で改めて解説します）。

操作対象としてオブジェクトを指定

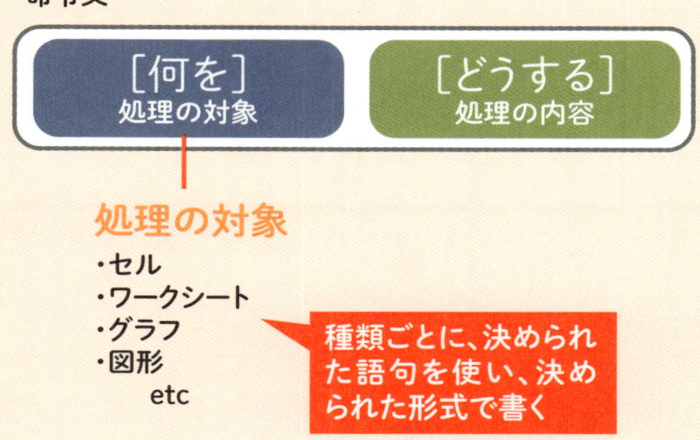

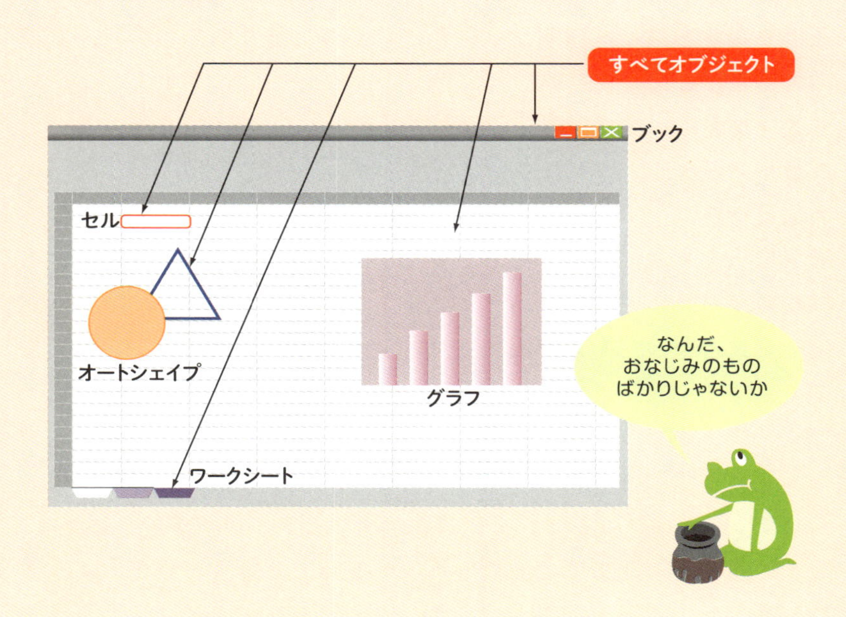

Chapter 06

[どうする]の部分は2種類ある

[どうする]は「プロパティ」と「メソッド」

「[何を][どうする]」の[どうする]の部分は、専門用語で「**プロパティ**」または「**メソッド**」と呼ばれます。

プロパティは一言で表すなら、オブジェクトの"**状態**"です。たとえばセルなら主に、フォントの色やサイズ、塗りつぶしの色、罫線の太さなど書式関係です。

メソッドは一言で表すなら、オブジェクトの"**動作**"です。たとえばセルなら主に、コピーや貼り付け、挿入、削除(クリア)、並べ替えなどです。

プロパティもメソッドもオブジェクトの種類に応じて、さまざまな種類があります。プロパティ/メソッドの種類に応じて、使う語句や形式といった書式が決められているので、それに従って書きます。

そして、命令文全体としては、オブジェクトとプロパティ/メソッドは、間に「**.**」(半角のピリオド)を記述するという書式になっています。どのオブジェクト/プロパティ/メソッドを使うにせよ、必ず記述するよう文法で決められているので、書き忘れないよう注意しましょう。

操作内容はプロパティまたはメソッドで指定

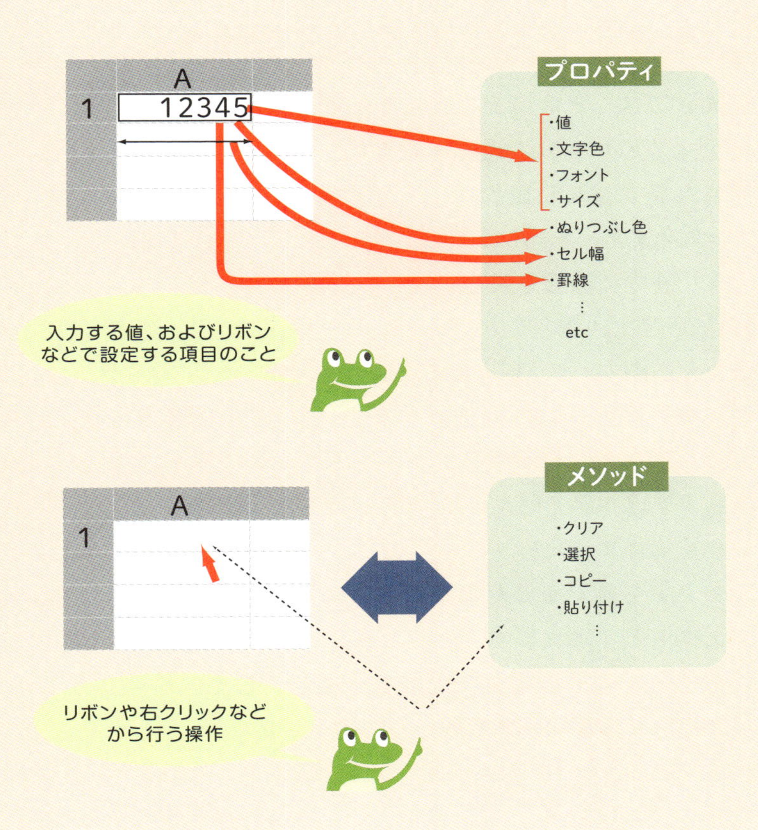

Chapter 06

指定したセルを操作するには？

セルのオブジェクトは「Range」で指定する

前節まで学んだ命令文の大まかな構造、およびオブジェクトとプロパティ/メソッドの概要を踏まえ、Chapter04の03（76ページ）で考えた請求書を自動作成する処理手順の1番目である「宛名を入力」の命令文を、本節からChapter06の13にかけて書いていきます。その際、途中で練習を適宜挟みます。

【処理手順1】「宛名を入力」の具体的な操作はChapter04の02（70ページ）で挙げたように、ワークシート「請求書」のA3セルに、ワークシート「売上」のD2セルに入っている目的の顧客名を入力するのでした。すると、セルやワークシートをVBAで操作する必要があります。まずは本節でセルの操作方法を解説します。

セルを操作するには、命令文の［何を］の部分に、目的のセルのオブジェクトを書く必要があります。セルのオブジェクトは**Rangeオブジェクト**と呼ばれます。そのコードは「Range」という語句を使って、右ページの図の書式で記述します。どのセルを操作するのか、カッコ内に**セル番地を文字列**として指定します。

セルのオブジェクトの使い方

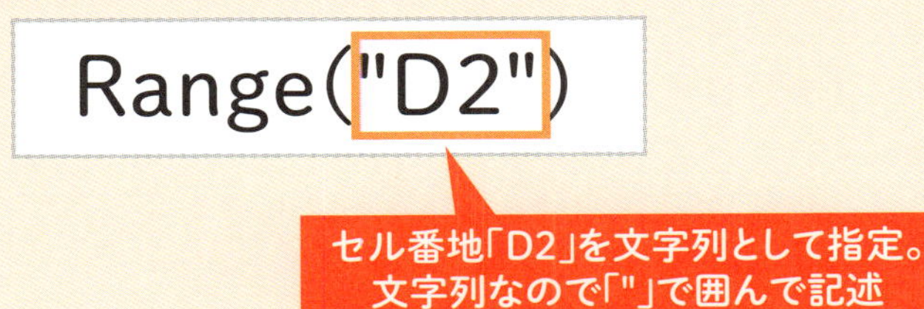

Chapter 06

セルの値を取得して使うには？

セルの値は「Value」プロパティで指定

宛名を入力する処理では、ワークシート「売上」のD2セルに入っている顧客名など、セルの値を操作する必要があります。

セルの値は**Value**というプロパティを使って操作するよう決められています。書式は右ページの図の通りであり、目的のセルのオブジェクト（Rangeオブジェクト）に続き、「.」を挟んで、Valueプロパティを書きます。このように記述すると、指定したセルに入っている値を取得して、VBAの処理に使うことができます。

ここまでに、Rangeオブジェクトでセル、Valueプロパティで値を取得する方法を学びました。それぞれ書式が登場しましたが、これらはいずれも文法・ルールであり、知識になります。Chapter03の07（62ページ）で述べたように、無理に暗記する必要はなく、本やWebを見ながらで全く問題ありません。

Valueプロパティの使い方

セルの値を操作する命令文

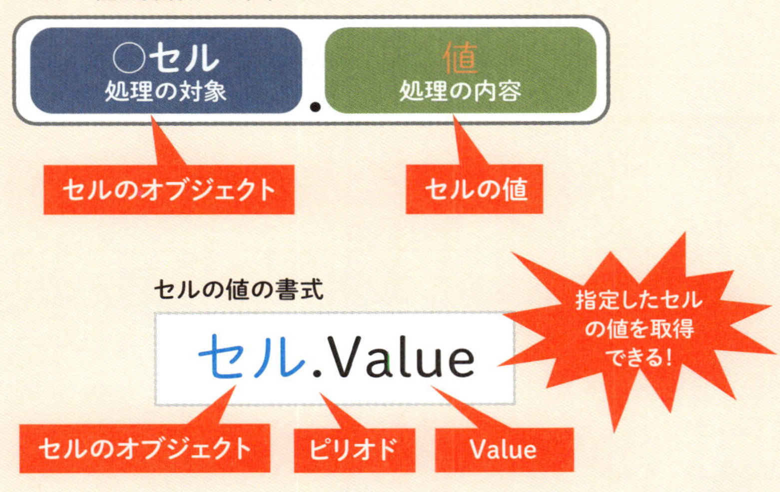

例：D2セルの値

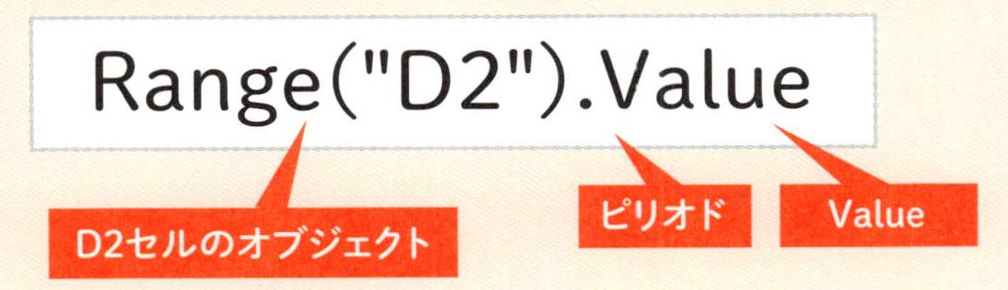

Chapter 06

指定したセルの値を表示してみよう

セルの値を取得して使う練習

【処理手順1】「宛名を入力」の命令文を書く前に、本節でRangeおよびValueプロパティの練習をしましょう。B5セルの値をメッセージボックスに表示するとします。

Subプロシージャ「請求書作成」は現時点で、1つの命令文「MsgBox "こんにちは"」だけが記述されている状態です。この「"こんにちは"」の部分に、B5セルの値を取得するコードを替わりに書けば、B5セルの値をメッセージボックスに表示できそうです。

B5セルの値を取得するコードはどう書けばよいか、順に考えてみましょう。[何を]の部分には、B5セルのオブジェクトを記述する必要があります。そのためにはRangeのカッコ内に、B5セルのセル番地の文字列を記述すればよいことになります。

```
Range("B5")
```

これでB5セルのオブジェクトを記述できました。次は[どうする]の部分です。セルの値を取得したいので、Valueプロパティを使います。B5セルのオブジェクトに続けて、「.」を挟んで「Value」を記述します。

```
Range("B5").Value
```

これでB5セルの値を取得するコードがわかりました。Subプロシージャ「請求書作成」の命令文「MsgBox "こんにちは"」にて、「"こんにちは"」の部分を「Range("B5").Value」に書き換えてください。

変更前

```
MsgBox "こんにちは"
```

変更後

```
MsgBox Range("B5").Value
```

書き換え終わったら、さっそく動作確認しましょう。[請求書作成]ボタンをクリックして実行してください。すると、このようにB5セルの値がメッセージボックスに表示されます。

B5セルの値が表示された

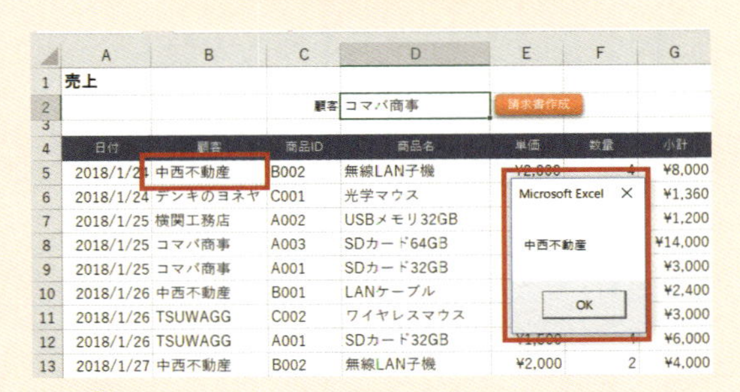

以上がセルに入っている値を取得する方法、およびオブジェクトとプロパティの基本的な使い方です。余裕があれば、Rangeのカッコ内に指定するセル番地をいろいろ変えて実行し、ちゃんと指定したセルの値がメッセージボックスに表示されるか試してみると、理解がより深まるでしょう。

入力支援機能で賢くコードを書こう

VBEでコードを記述する際、「Range("B5").」などと、オブジェクトとピリオドまで入力すると、ポップアップのリストが表示されます。これは入力を支援する「コードアシスト」機能です。リストには、そのオブジェクトで使えるプロパティなどが表示されます。リスト上で目的のプロパティなどを選び、ダブルクリックまたは Tab キーを押すと入力できます。

また、たとえばValueプロパティを入力したければ、ピリオドに続けて先頭の「V」まで入力すれば、リストの「V」のところまでジャンプしてくれるので、より素早く選べます。

コードアシスト機能を使うと、タイピングの手間が省けるのはもちろん、タイプミスを防ぐこともできるので、ぜひとも活用しましょう。

コードアシスト機能で効率よく記述

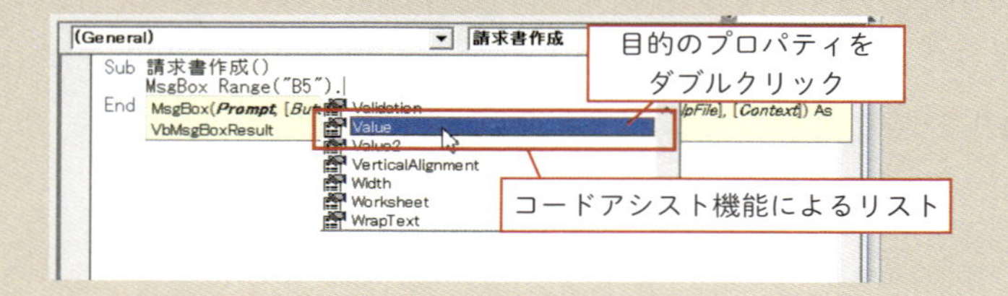

エラーが起きたらスペルミスを疑え

オブジェクトやプロパティのコードを記述する際、ありがちな記述ミスがスペルミスです。スペルミスすると当然、エラーになり実行できません。

たとえば、Rangeのスペルを誤るとコンパイルエラーになり、「コンパイルエラー：SubまたはFunctionが定義されていません。」というエラーメッセージが表示されます。この場合、コード記述中ではなく、実行した際にコンパイルエラーとなります。なおかつ、[OK]をクリックしてエラーメッセージを閉じると、一時停止状態（Chapter05の14、110ページ参照）になるので、[リセット]ボタンを押して解除してください。

　また、Valueのスペルを誤った状態で実行すると実行時エラーとなり、「実行時エラー'438'：オブジェクトは、このプロパティまたはメソッドをサポートしていません。」というエラーメッセージが表示されます。

　もしエラーが発生したら、スペルミスの箇所がないか調べて修正してください。特に実行時エラーの原因はスペルミスの可能性が高いです。もちろん、カッコや「"」の閉じ忘れなどのミスもあわせて調べましょう。

コンパイルエラーの例

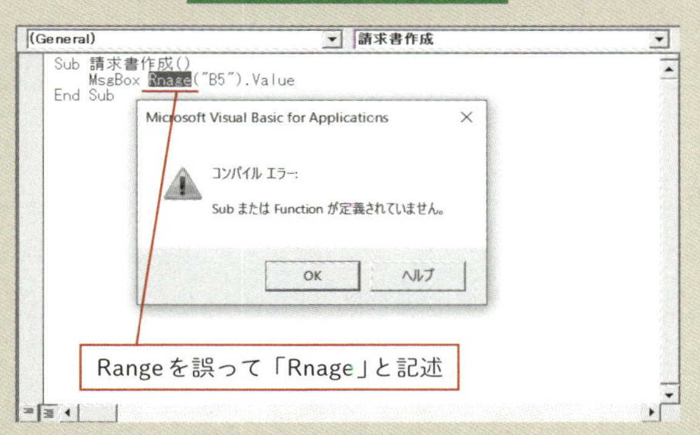

実行時エラーの例

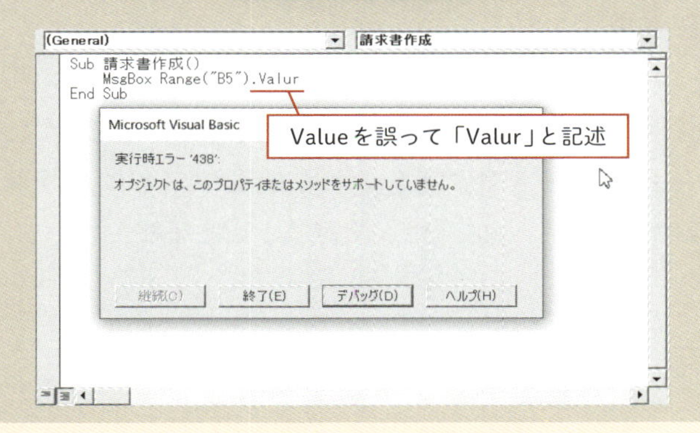

Chapter 06

セルに値を入れるには?

Valueプロパティに値を「代入」する

Rangeオブジェクトの Value プロパティはセルの値の取得に加え、値を入れること(入力)にも利用できます。その命令文は「=」(半角のイコール)という演算子を使い、右ページの書式で記述します。

実行すると、「=」の左側に書いたセルの値に、右側に書いた値(数値や文字列)が入力されます。そのセルが空の状態なら、その値が新たに入力されます。そのセルに何かしらの値が既に入っているなら、「=」の右側の値が上書きされるかたちで入力されます。つまり、セルの値が変更されます。

このようにRangeオブジェクトの Value プロパティに、値を「=」で入れる命令文を書くことで、セルの値を新たに入力または変更する操作を自動化できます。値を入れる処理のことは専門用語で「**代入**」と呼ばれます。「=」は「**代入演算子**」と呼ばれます。

代入によってセルに値を入れる

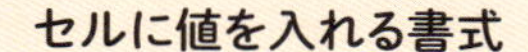


```
セル.Value = 値
```

セルの値　イコール　数値や文字列

指定したセルに指定した値を入力できる！

「=」の左右には半角スペースが必要。もし忘れても、別の行のコードに移動すれば、自動で挿入される

例：D2セルに数値の10を入れる

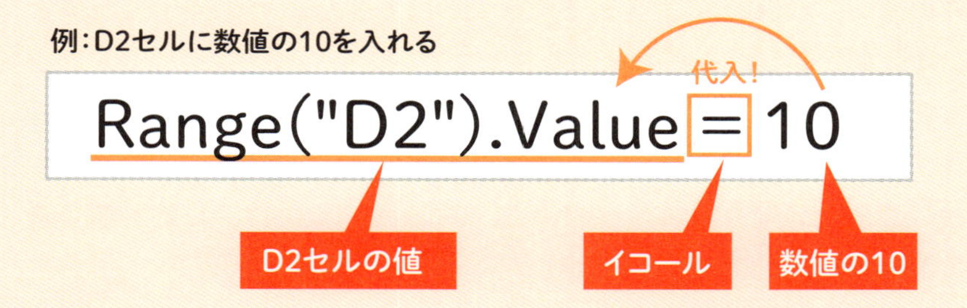

代入の「=」がポイント！

代入は「=」の右から
左に入るっておぼえよう！

Chapter 06

指定したセルに値を入れてみよう

練習プログラムで体験しよう

代入によってセルに値を入れる方法を学んだところで、練習のプログラムを書いてみましょう。まずはワークシート「売上」のB2セルの値に、数値の10を入れる命令文を書くとします。B2セルは空なので、値が新たに入ることになります。

B2セルの値はここまで学んだように、「Range("B2").Value」と記述すればよいとわかります。値を入れたいので、Valueプロパティに続けて、代入演算子の「=」を書きます。その後には、目的の値である10を書きます。

```
Range("B2").Value = 10
```

では、Subプロシージャ「請求書」の命令文を上記に書き換えてください。

変更前

```
MsgBox Range("B5").Value
```

変更後

```
Range("B2").Value = 10
```

なお、「=」の左右の半角スペースはたとえ書き忘れたとしても、別の行のコードに移動すれば、VBEの補完機能によって自動で挿入されます。

書き換え終わったら、動作確認をするために、［請求書作成］作成ボタンをクリックして実行してください。すると、空だったB2セルに10という数値が新たに入りました。

B2セルに10が入った

	A	B	C	D	E	F	G
1	売上						
2			顧客	コマパ商事	請求書作成		
3							
4	日付	顧客	商品ID	商品名	単価	数量	小計
5	2018/1/24	中西不動産	B002	無線LAN子機	¥2,000	4	¥8,000

	A	B	C	D	E	F	G
1	売上						
2		10	顧客	コマパ商事	請求書作成		
3							
4	日付	顧客	商品ID	商品名	単価	数量	小計
5	2018/1/24	中西不動産	B002	無線LAN子機	¥2,000	4	¥8,000

次は同じB2セルに文字列「こんにちは」を入力するとします。次のように命令文を変更してください。「＝」の右側の10を「"こんにちは"」に書き換えることになります。

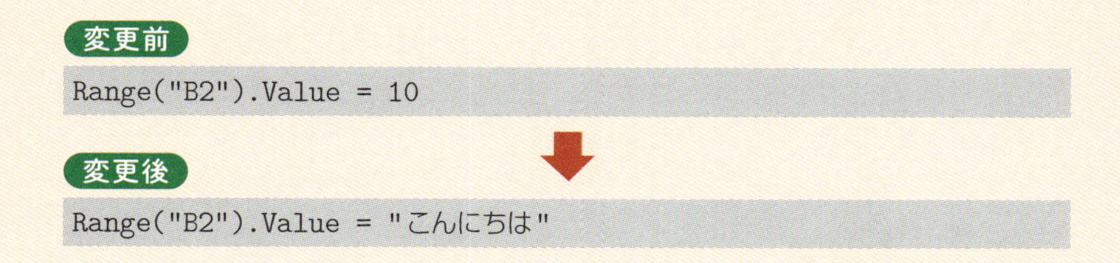

変更前

```
Range("B2").Value = 10
```

変更後

```
Range("B2").Value = "こんにちは"
```

実行して動作確認すると、B2セルの値が数値の10から、文字列「こんにちは」に変更されます。代入によって文字列「こんにちは」が上書きされるかたちで入力されたので、B2セルの値が変更されたのです。

B2セルの値が変更された

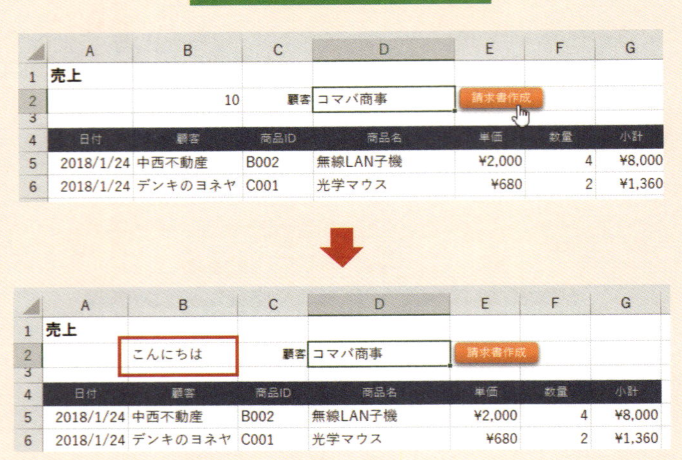

	A	B	C	D	E	F	G
1	売上						
2		10	顧客	コマパ商事	請求書作成		
3							
4	日付	顧客	商品ID	商品名	単価	数量	小計
5	2018/1/24	中西不動産	B002	無線LAN子機	¥2,000	4	¥8,000
6	2018/1/24	デンキのヨネヤ	C001	光学マウス	¥680	2	¥1,360

	A	B	C	D	E	F	G
1	売上						
2		こんにちは	顧客	コマパ商事	請求書作成		
3							
4	日付	顧客	商品ID	商品名	単価	数量	小計
5	2018/1/24	中西不動産	B002	無線LAN子機	¥2,000	4	¥8,000
6	2018/1/24	デンキのヨネヤ	C001	光学マウス	¥680	2	¥1,360

Chapter 06

あるセルの値を別のセルに入れるには

セルの値の転記は代入でできる

Excelでは、あるセルの値を別のセルに入れる「転記」をよく行います。この転記の操作も、RangeオブジェクトのValueプロパティの代入によって自動化できます。

その命令文は、転記元のセルの値を、転記先のセルの値に代入するかたちで記述します。つまり次ページの図上の通り、代入演算子「=」の左側に、転記先のセルのRangeオブジェクトのValueプロパティを書き、右側に転記元のセルのRangeオブジェクトのValueプロパティセルを書けばよいことになります。

たとえば、B5セルの値をB2セルに転記したいとします。この場合、転記元がB5セル、転記先がB2セルになります。すると、B5セルの値を、B2セルの値に代入すればよいことになります。よって、コードは次ページの図下の通り、「=」の左側にB2セルのオブジェクトのValueプロパティ、右側にはB5セルのオブジェクトのValueプロパティを記述します。

セルの値を転記する命令文

セルの値を転記する書式

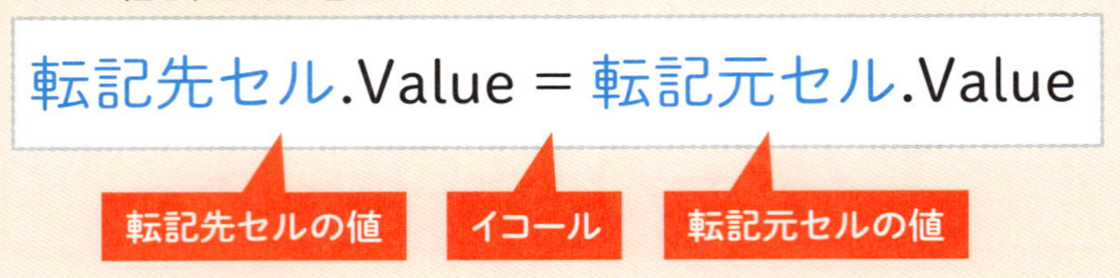

B5セルの値をB2セルに転記

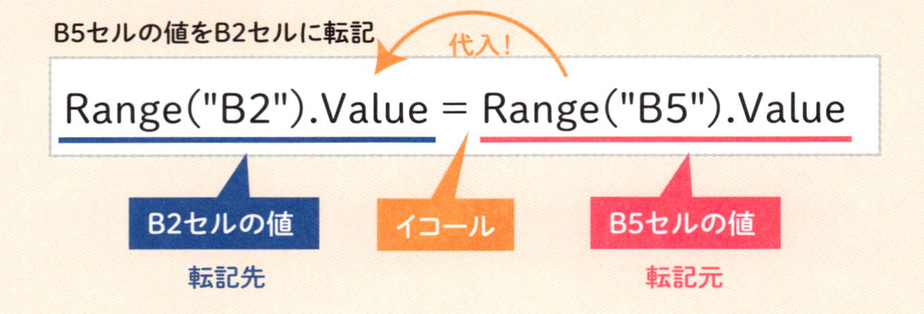

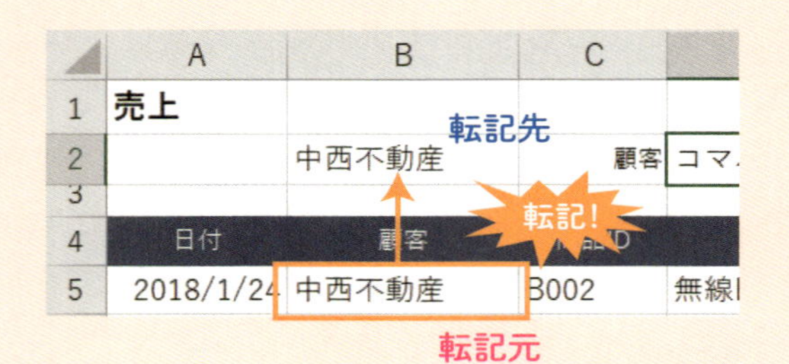

それでは、練習として、このコードを実際に記述して動作確認してみましょう。コードを次のように変更してください。「＝」の右側を「"こんにちは"」から、「Range("B5").Value」に変更することになります。

変更前

```
Range("B2").Value = "こんにちは"
```

変更後

```
Range("B2").Value = Range("B5").Value
```

実行すると、B5セルの値がB2セルに転記されることが確認できます。

B5セルの値がB2セルに転記された

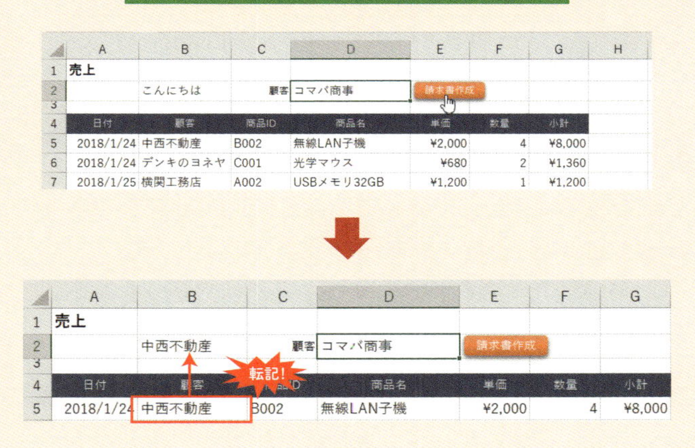

練習は以上です。B2セルの値を削除して、次節へ進んでください。

なお、転記の他の手段としては、コピー＆貼り付けもあります。VBAで行う方法はChapter08で解説します。

Chapter 06

10 別のワークシートのセルを転記するには

どのワークシートのセルなのかを指定

練習は前節までとして、いよいよ【処理手順1】「宛名を入力」の命令文を記述を作成します。そのために必要な知識として、別のワークシートのセルを操作する方法を本節と次節で学びます。

宛名を入力する処理は、ワークシート「売上」のセルからワークシート「請求書」のセルへ転記するといったように、別のワークシートにまたいで処理を行うことになります。このように別のワークシートのセルを操作する際は、**セルのオブジェクトの前に、ワークシートのオブジェクトを指定**する必要があります。なぜなら、A1などのセルは全てワークシートにあるので、どのワークシートのセルなのかを指定しなければ、混同してしまうからです。

そのコードのイメージは右図の通りです。セルとワークシートのオブジェクトが階層構造になっていると見なせます。[何を]の前に[何の]がつくイメージです。コードとしては、下の階層のオブジェクトの前に、「.」を挟んで、上の階層のオブジェクトを記述します。

また、上の階層と下の階層のオブジェクトは親子関係とも見なせます。以降、上の階層のオブジェクトを「**親オブジェクト**」、下の階層のオブジェクトを「**子オブジェクト**」と呼ぶとします。この呼び方はプログラミングの世界ではよく使われます。

階層構造（親子関係）のオブジェクト

オブジェクトが階層構造となった命令文

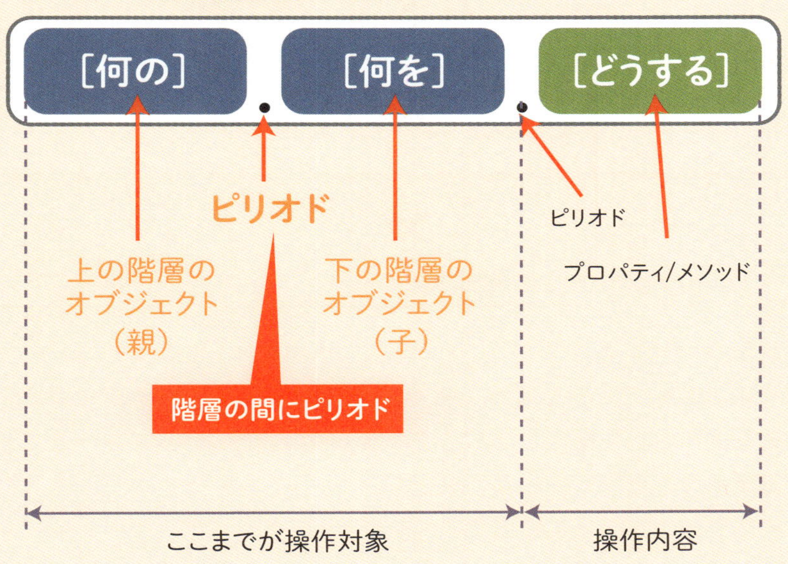

指定したワークシートのセルの値なら・・・

親オブジェクト　　子オブジェクト

Chapter 06

ワークシートを指定するには

「Worksheets」で指定する

ワークシートのオブジェクトは「Worksheets」を使って、右ページの図の書式で記述します。カッコ内には目的のワークシートの名前を文字列として指定します。または一番の左のワークシートを1とする連番を指定することも可能です。

そして、セルのオブジェクトの前に、「.」を挟んで、ワークシートのオブジェクトを記述します。2つのオブジェクトを親子関係（階層構造）で記述する際は、このように親オブジェクトと子オブジェクトを「.」で結んで記述します。

これで、指定したワークシートにある指定したセルのオブジェクトを操作できます。あとはValueプロパティを使って、転記など必要な処理のコードを記述します。

なお、Chapter06の09以前のように、親オブジェクトとしてワークシートのオブジェクトを記述せず、セルのオブジェクトだけを記述すると、そのセルは現在表示中のワークシートにおけるセルと見なされます。

ワークシートのオブジェクト

ワークシートのオブジェクトの書式

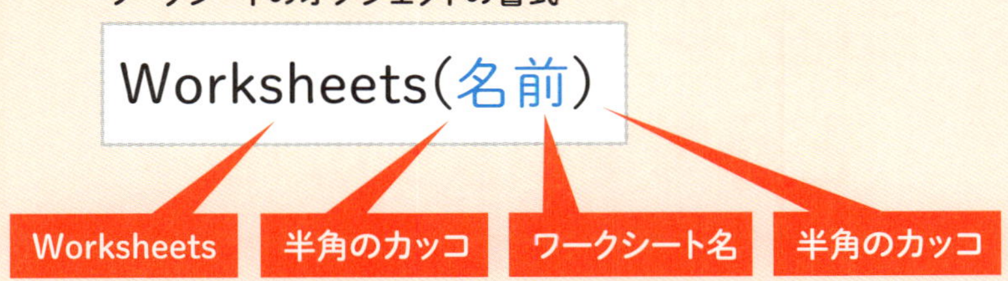

例：ワークシート「売上」のオブジェクト

```
Worksheets("売上")
```

ワークシート名「売上」を文字列として指定。
文字列なので「"」で囲んで記述

例：ワークシート「売上」のD2セルのオブジェクト

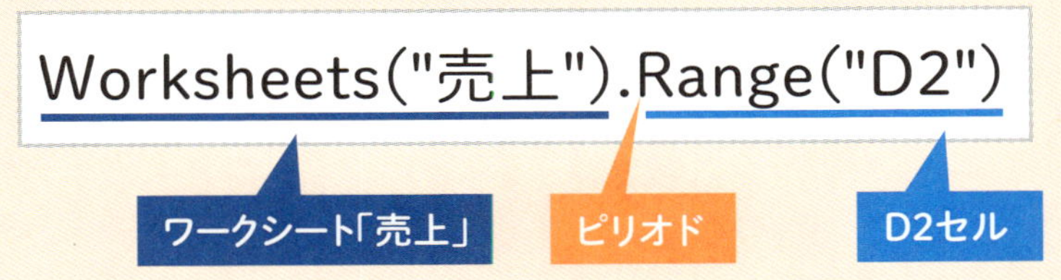

Chapter 06

宛名を入力するには どうすればいい?

宛名を入力するコードを考えよう

それでは前節と前々節で学んだ内容を踏まえ、【処理手順1】「宛名を入力」の命令文のコードを考えてみましょう。

宛名を入力するには、ワークシート「売上」のD2セルの値を、ワークシート「請求書」のA3セルに転記すればよいことになります。ワークシート「請求書」は「Worksheets("請求書")」、ワークシート「売上」は「Worksheets("売上")」と記述すればよいことになります。以上を踏まえると、具体的なコードは下記になります。

```
Worksheets("請求書").Range("A3").Value = Worksheets("売上").Range("D2").Value
```

「=」の左側には転記先のセルの値として、ワークシート「請求書」のA3セルのValueプロパティを記述しています。右側には転記元のセルの値として、ワークシート「売上」のD2セルのValueプロパティを記述しています。

なお、もしこのコードでワークシートのオブジェクトを指定しないとどうなるかは、本章末のコラムで解説します。

セルの値の転記によって宛名を入力

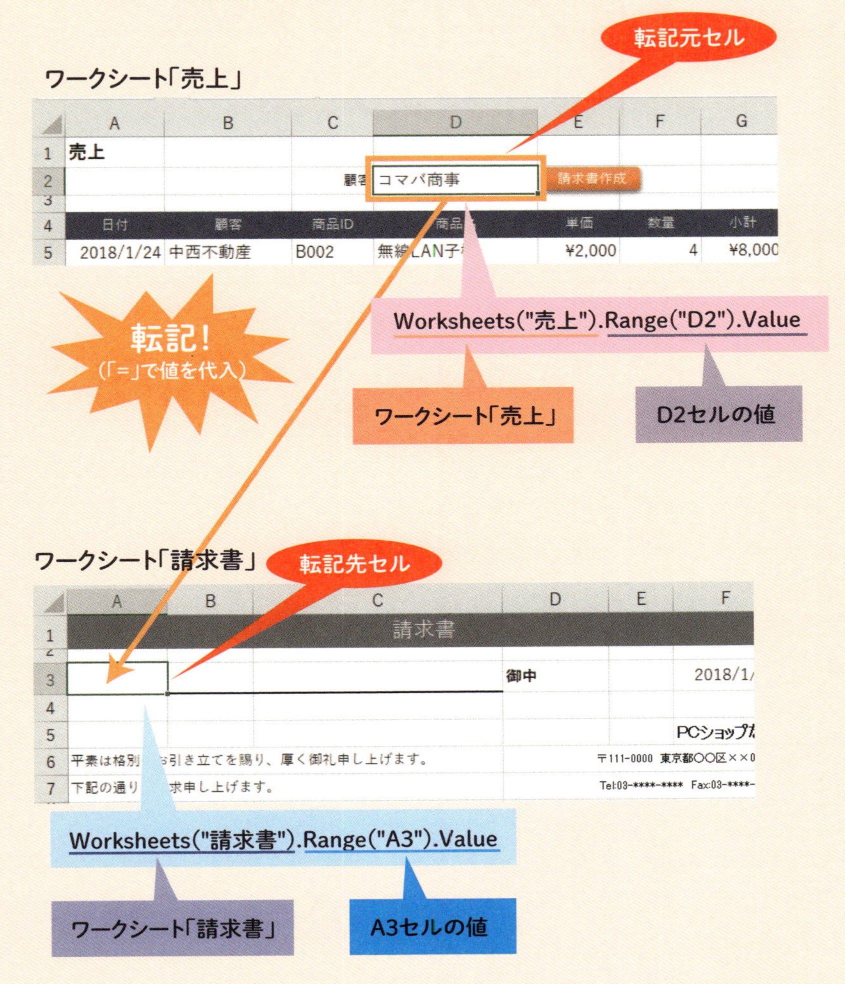

Chapter 06

13 宛名を入力する処理を作ろう

宛名を転記で入力するコードを記述

それでは、Subプロシージャ「請求書作成」に、前節で考えた宛名を転記によって入力する命令文を記述してみましょう。ここまで書いた練習用のコードは消した上で、改めて記述してください。

```
Sub 請求書作成()
    Worksheets("請求書").Range("A3").Value = Worksheets("売上").Range("D2").Value
End Sub
```

さっそく動作確認してみましょう。ワークシート「売上」のD2セルに顧客名（どの顧客でも構いません）を入力した状態で、［請求書作成］ボタンをクリックし実行してください。

D2セルに顧客を入力して実行

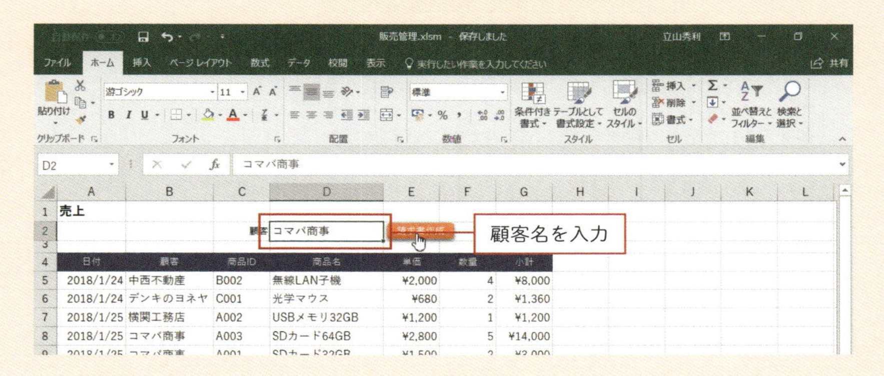

すると、次の画面のように意図通りワークシート「請求書」のA3セルに宛名が入力されることが確認できます。

A3セルに宛名が転記された

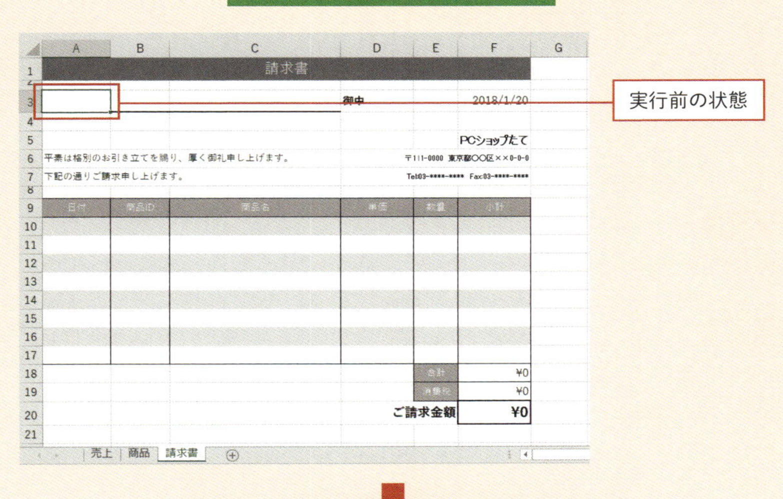

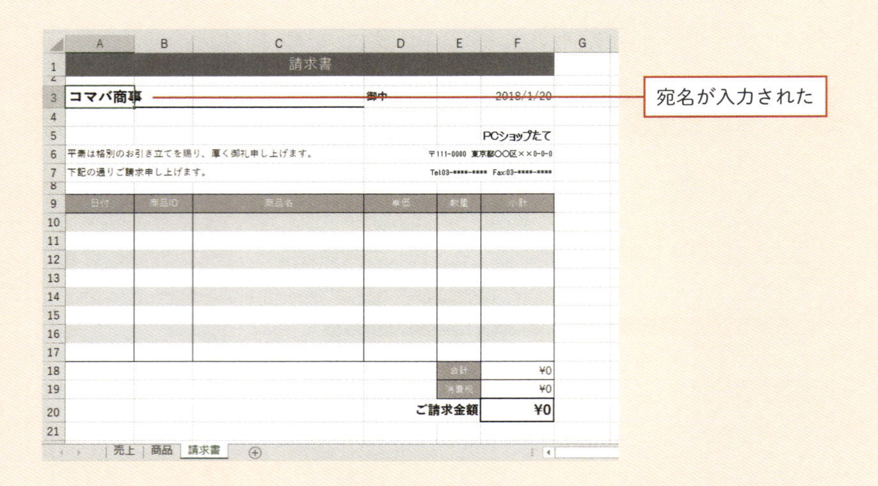

さて、宛名を入力する命令文のコードは横方向に長いため、少々見づらいでしょう。そこで、途中で改行して、見やすくするとします。VBAでは、コードの途中で改行するには、「 _」(半角スペースとアンダースコア)を使います。「_」はShift＋＼キーで入力できます。＼キーは通常、キーボード右下にあります。

今回は「=」の後で改行するとします。では、改行のために「 _」を使い、次のように変更してください。

変更前

```
Worksheets("請求書").Range("A3").Value = Worksheets("売上").Range("D2").Value
```

変更後

```
Worksheets("請求書").Range("A3").Value = _
        Worksheets("売上").Range("D2").Value
```

宛名を入力するコードを途中で改行

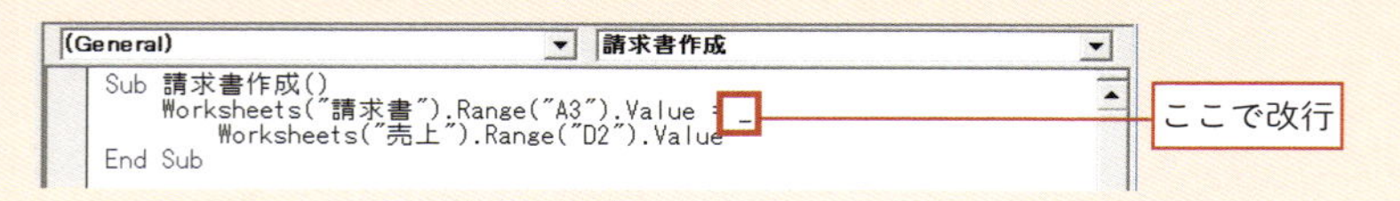

改行した後半のコードは今回、Tabキーでインデントするとします。インデントしなくてもエラーにはなりませんが、改行したコードであることをよりわかりやすくする目的で、本書ではインデントするとします。このインデントはご自分が見やすくなるよう適宜行ってください。

なお、「 _」を使わずに改行すると、エラーになります。また、「 _」を使っても、WorksheetsやRangeといった語句の途中など、不適切な箇所で改行するとエラーになります。言い換えると、エラーが出なければ、どこで改行しても構いません。また、「 _」を複数用いて、1つの命令文のコードを3行以上に改行することも可能です。

Column

こんな原因でこんなエラーも

親子関係（階層構造）のオブジェクトでスペルミスを犯した際、親（上の階層）だと「コンパイルエラー：SubまたはFunctionが定義されていません。」、子（下の階層）だと「実行時エラー'424'：オブジェクトが必要です。」というエラーになります。また、Worksheetsのカッコ内に存在しないワークシート名を記述してしまうと、「実行時エラー'9'：インデックスが有効範囲にありません。」というエラーになります。

存在しないワークシート名を指定すると…

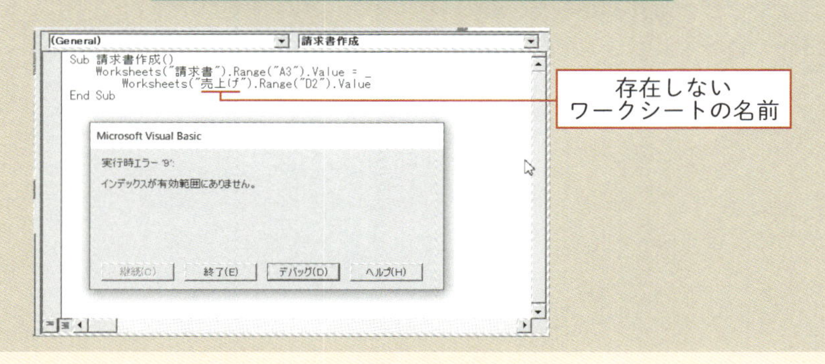

ワークシートを指定しないとどうなる

別のワークシートのセルを転記する命令文で、セルの親オブジェクト（上の階層）にワークシートを指定しないとどうなるでしょうか？ Chapter06の11で学んだように、ワークシートを指定しないと、現在表示中のワークシートのセルと見なされるのでした。

ここで、本書サンプルの【処理手順 1】「宛名を入力」の命令文を、ワークシートの指定をしないかたちで記述したとします。

```
Range("A3").Value = Range("D2").Value
```

この場合、転記先のA3セルも転記元のD2セルも現在表示中のワークシートのセルと見なされます。たとえばワークシート「売上」が表示中なら、A3セルはワークシート「売上」のA3セルと見なされるため、そのセルへ誤って転記される結果となり、意図通りに宛名を入力できなくなってしまいます。

ワークシート「売上」のA3セルに転記される

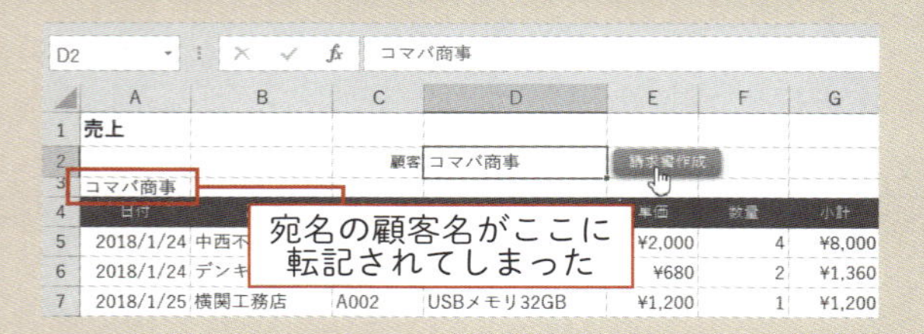

本書サンプルのみならず、複数のワークシートをまたいでセルなどを操作するプログラムを作る際は、このようなトラブルを防ぐため、親オブジェクトとしてワークシートのオブジェクトを書くことを忘れないよう注意しましょう。

ワークシートを切り替える命令文もあるけど・・・

Chapter03の03の疑似体験では、ワークシートを切り替える命令文が登場しました。実際のVBAでも、ワークシートを切り替える命令文はあります。しかし、いちいち切り替える命令文を書いてから、宛名を転記する命令文を書くと、命令文は計2つになります。それよりも、親子関係（階層構造）によってワークシートも含めて1つの命令文で書いた方が効率的です。その上、いちいち切り替えると処理速度も遅くなるので、親子関係で書く方法をオススメします。

Column

「Range」って結局オブジェクトなの？　プロパティなの？

セルのオブジェクトを記述する際に用いる「Range」を書籍やWebなどで調べると、「Rangeオブジェクトを取得するRangeプロパティ」などと、一読しただけではよくわからない解説をよく目にします。ワークシートのWorksheetsも同じく、「Worksheetsコレクションを取得するWorksheetsプロパティ」などと解説されています。

厳密には確かにその通りなのですが、非常にわかりづらいものです。初心者はそういった用語の定義や区別はあいまいな理解のままでも、コードを記述する際は書式さえおさえていれば、実質的に困ることはまずありません。コードの記述には実質問題ないのに、厳密に理解しようとして理解できずに悩んでしまい、学習がストップしてしまうのは実にもったいないことです。用語の定義や区別にはあまりこだわらず、どんどんプログラムを書いて動かして学習を進めましょう。

バックアップはマメに行おう

VBAのプログラミングによってマクロを段階的に作り上げていく途中で、バックアップをマメに取るとよいでしょう。誤ってプログラムを大きく変更してしまい元に戻せなくなったり、パソコンがクラッシュしたなどでブック自体が使えなくなったりすると、それまで作り上げてきたプログラムが無に帰してしまいます。そういった万が一の事態が発生しても、バックアップを取っておけば、少なくともバックアップした時点までプログラムを復旧できます。

バックアップはブックごとコピーしたり、プログラムのコードだけをコピーしたりするなど、自分のやりやすい方法で構いません。パソコンのクラッシュに備えるなら、USBメモリなど、作業中のパソコン以外の場所にバックアップする必要があります。

また、バックアップの方法のひとつに、コメント機能（155ページ参照）を利用し、コードをコメント化しておく方法もあります。プログラムに修正を加える前に、修正前のコードを一時的にバックアップしておくためによく使われる方法です。

あっ、パソコンがクラッシュして、
プログラムが消えちゃった!
でも、バックアップ取って
あったから安心だな

Excelのコマンドを VBA で実行しよう

指定した顧客による抽出を自動で行うには

フィルターの自動化はどうする?

本章では、Chapter04の03（76ページ）の【処理手順2】「フィルターで目的の顧客のデータを抽出」を作成します。具体的には、ワークシート「売上」の表（A4～G20セル）から、D2セルに入力された顧客に該当するデータをフィルター機能を使って抽出することでした。手作業による操作はChapter04の02（70ページ）の【操作2】～【操作3】でした。抽出すると、指定した顧客のデータの行のみに絞り込まれます。

そういったフィルターの操作を自動で実行する命令文をこれから記述します。フィルターをVBAで操作するには、「**AutoFilter**」というメソッドを用います。フィルターをオンにして、抽出の基準とする列および条件を指定し、実際に抽出を行うまでの処理がAutoFilterメソッド1つで行えます。

VBAには、フィルターをはじめ、コピーや貼り付けなど、Excelの各種コマンドに応じたメソッドが用意されています。目的のコマンドのメソッドを使うことで、そのコマンドの操作を自動化できるのです。

一連のフィルター操作はAutoFilterメソッドで

簡単なメソッドを体験してみよう

セルの値を削除するClearContentsメソッド

フィルター機能のAutoFilterメソッドは書式など使い方が少々複雑なので、いきなり使うと初心者は混乱してしまうでしょう。その前に練習として、別の簡単なメソッドを体験するとします。

練習に用いるメソッドは、指定したセルの数式や値（データ）をクリア（削除）する「ClearContents」です。ちょうど［数式と値のクリア］コマンド（［ホーム］タブの［クリア］以下にあるコマンド）に該当するメソッドです。

［数式と値のクリア］コマンドのメソッド

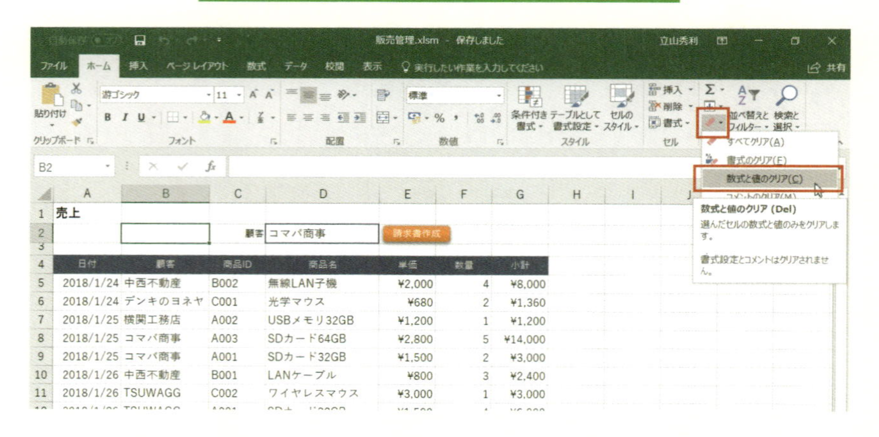

また、［数式と値のクリア］コマンドは、セルを選択して Delete キーを押す操作と同等の機能になります。

同メソッドの書式は次の通りです。「セル」の部分には、値をクリアしたいセルのオブジェクト（Rangeオブジェクト）を指定します。

【書式】

```
セル.ClearContents
```

今回の練習では、ワークシート「売上」のB2セルの値をクリアする命令文を書くとします。書式の「セル」の部分に、ワークシート「売上」のB2セルを指定すればよいことになります。すると目的の命令文は以下になります。

```
Worksheets("売上").Range("B2").ClearContents
```

それでは、Subプロシージャ「請求書作成」に、この命令文を追加してください。

追加前

```
Sub 請求書作成()
    Worksheets("請求書").Range("A3").Value = _
        Worksheets("売上").Range("D2").Value
End Sub
```

追加後

```
Sub 請求書作成()
    Worksheets("請求書").Range("A3").Value = _
        Worksheets("売上").Range("D2").Value
    Worksheets("売上").Range("B2").ClearContents
End Sub
```

追加できたら動作確認しましょう。実行する前に、B2セルに適当な数値か文字列を入力しておいてください。実行すると、次の画面のようにB2セルの値がクリアされます。

ClearContentsメソッドで削除

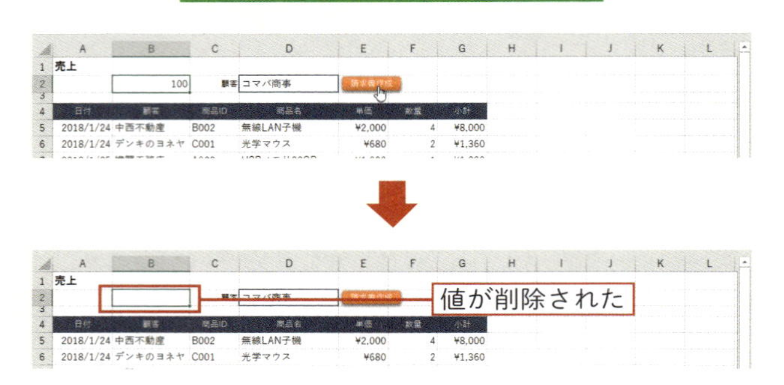

このようにメソッドの命令文を実行すると、該当するコマンドが自動で実行されます。

メソッドの練習はここまでです。本節で追加した練習の命令文を削除し、次へ進んでください。

削除前

```
Sub 請求書作成()
    Worksheets("請求書").Range("A3").Value = _
    Worksheets("売上").Range("D2").Value
    Worksheets("売上").Range("B2").ClearContents
End Sub
```

削除後

```
Sub 請求書作成()
    Worksheets("請求書").Range("A3").Value = _
    Worksheets("売上").Range("D2").Value
End Sub
```

「コメント」をマメに残そう

VBAには「コメント」という機能があります。コメントとは、プログラムの中に書くメモのようなものです。書式は次の通りです。

【書式】

```
'コメント
```

半角の「'」(シングルコーテーション)に続けて、コメントの文言を書きます。「'」はShift+7キーで入力できます。コメントの文言には、日本語も書けます。「'」以降は実行の際に無視されます。

コメントとして書くのは通常、コードの意味や処理手順など、コードが読み解きやすくなる内容です。たとえば本書サンプルなら次の画面のようなイメージです。

コメントの例

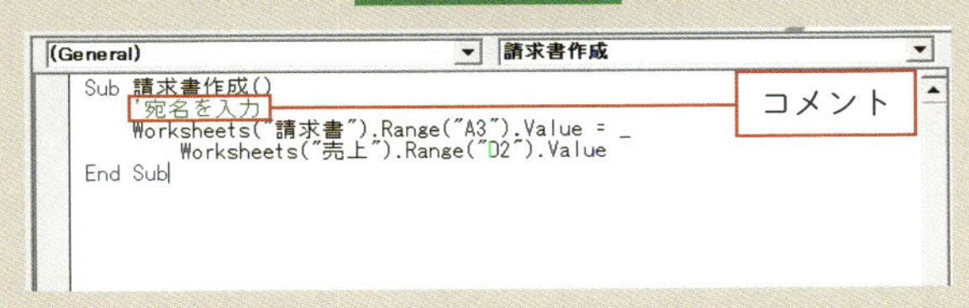

コメントはコードウィンドウ上では緑色の文字で表示されます。また、この例ではコメントを独立した行に書いていますが、コードと同じ行の右側に書くこともできます。ただし、途中で改行する「 _」の右側に書くとエラーになるので注意してください。

なぜコメントを書くのでしょうか？　一般的にプログラムは一度作ったらおしまいというケースは少なく、大抵はあとで機能の追加・変更の要望が生まれるなどによって、コードを編集する必要が生じるものです。一方、コードは書いた本人ですら、何ヶ月か過ぎると内容を忘れてしまいがちです。そのため、コードのどこをどう編集すればよいか、わからなくなってしまいます。

そこでコメントによってコードを読み解きやすくしておけば、後ほど自分が編集したり、他人に引き継いだりする際に、作業が格段にやりやすくなります。このようなメリットがあるため、コメントはマメに残すようにしましょう。

Chapter 07 03

メソッドの「引数」って何？

 メソッドの細かい設定は引数で行う

メソッドには「**引数**」(「ひきすう」と読みます)という仕組みが用意されています。メソッドの処理の細かい設定を指定する仕組みです。

具体的にどういうことでしょうか？　たとえばフィルター機能による抽出を手作業で行う場合、抽出の基準となる列の見出しのセルの［▼］をクリックし、抽出したい値にチェックを入れます（70ページ Chapter04の02参照）。これは言い換えれば、どの列を基準に抽出するのか、どの値で抽出するのか、抽出という処理の細かい設定を指定していることになります。VBAのメソッドでそういった指定を行うための仕組みが引数なのです。同じメソッドでも指定した引数に応じて、異なる実行結果が得られることになります。たとえば、フィルターのAutoFilterメソッドなら、抽出の基準の列や値を引数で設定することで、抽出結果を変えられます。

どのような引数がいくつあるのかは、メソッドの種類によって異なります。また、前章で体験したClearContentsメソッドのように、引数がないメソッドもあります。さらには省略可能な引数もあります。もし省略すると、あらかじめ決められた標準の値が指定されたと見なされます。

メソッドの引数

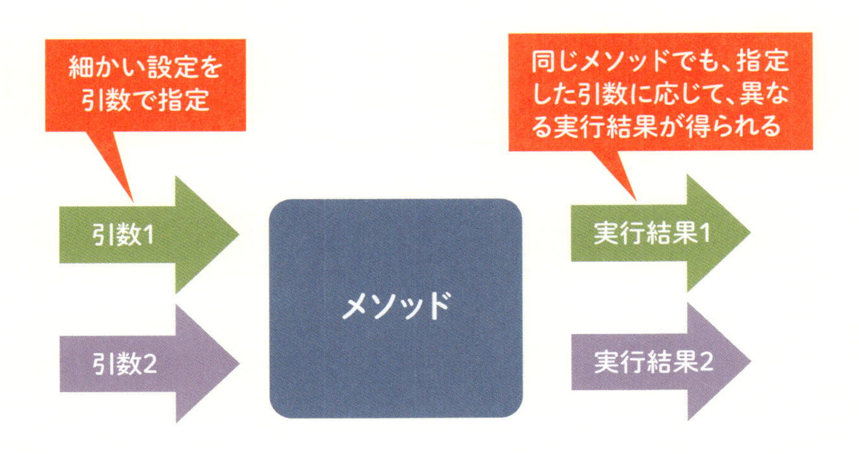

引数の例

形式を選択して貼り付けるメソッド

・貼り付ける形式
・演算
etc

並び替えるメソッド

・基準の列
・昇順/降順
etc

検索するメソッド

・検索する文字列
・大文字と小文字を区別する
etc

Chapter 07

メソッドの引数を指定するには

 引数名と値をセットで記述

メソッドの引数を指定する方法は、基本的には右図の書式の通りです。メソッド名の後ろに半角スペースを空けて、**「引数名:=値」**のかたちで記述します。引数にはそれぞれ決められた名前があるので、まずはそれを書きます。そして、「:=」(コロンとイコール)を挟んで、その引数に設定したい値を記述します。これで1つのセットとなります。引数を複数指定したいなら、「引数名:=値」のセットを「,」(半角のカンマ)で区切って並べていきます。

各メソッドにどのような名前の引数がいくつあり、値はどう指定すればよいかなどの知識は、すべて暗記する必要はありません。本やWebを見ながら使っていき、自然におぼえられたものだけ暗記すれば十分です。

なお、メソッドの引数を指定する方法はもう1つあります。初心者はひとまず知らなくても問題ありません。興味がある方は本章末のコラムをご覧ください。

引数を指定する基本的な書式

```
オブジェクト.メソッド 引数名1:=値1,引数名2:=値2
```

- これで引数の1セット
- 2つ目以降の引数は「,」で区切って並べる
- 半角スペース
- 引数名
- :=
- 値
- ,

「:=」の両側に半角スペースは不要。もし記述しても、別の行に移動すれば、VBEが自動で削除して詰めてくれる

Chapter 07

AutoFilterメソッドのキホン

 最低限2つの引数を指定する

フィルター機能をVBAで操作するAutoFilterメソッドの基本的な書式は右図の通りです。「セル」の部分には、抽出の対象となる表のセル範囲のオブジェクトを指定します。もしくは、表に含まれるいずれか1つのセルのオブジェクトを指定しても構いません。たとえば対象の表が右図のようなB1 ～ D7セルなら、B1セルなど表内の1つのセルを指定します。A1セルやB8セルやE1セルなど、表に含まれないセルは指定すると、意図通り抽出できなくなってしまいます。

引数は5つあり、すべて省略可能です。少なくとも次の2つを指定すれば抽出できます。

- **Field　…抽出の基準となる列**
- **Criteria1　…抽出に用いる値**

引数Fieldには、抽出の基準にする列が表のセル範囲の何列目に位置するのか、その数値を指定します。たとえば右ページの図の例でC列「カテゴリ」を基準にしたければ、同列は表のセル範囲（B1 ～ D7セル）の2列目に位置するので、数値の2を指定します。引数Criteria1には、抽出の条件となる値を指定します。

その他の引数は今回、解説は割愛させていただきます。

AutoFilterメソッドの基本的な書式

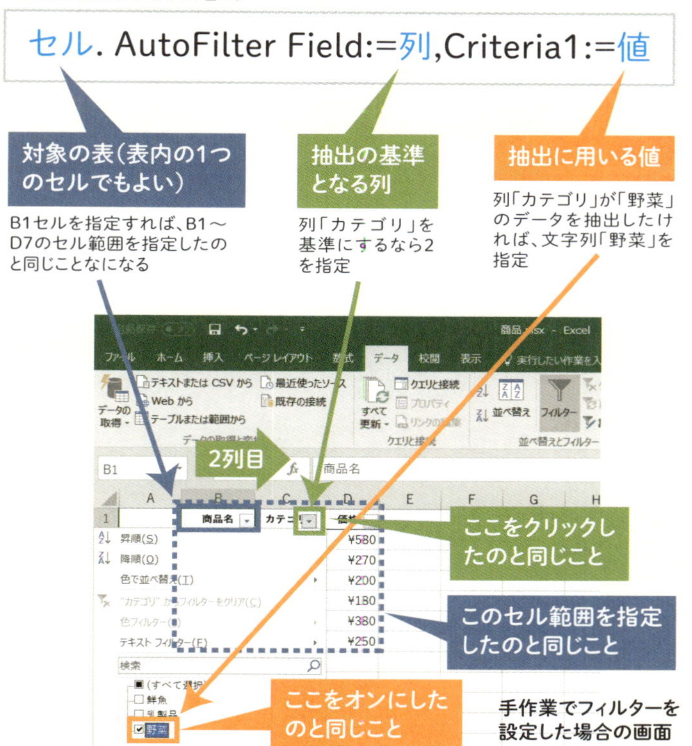

元の表

	A	B	C	D	E
1		商品名	カテゴリ	価格	
2		アジ	鮮魚	¥580	
3		そら豆	野菜	¥270	
4		ヤリイカ	鮮魚	¥200	
5		ヨーグルト	乳製品	¥180	
6		白菜	野菜	¥380	
7		牛乳1L	乳製品	¥250	

Chapter 07

06 指定した顧客で抽出するコードはどう書けばいい？

 2つの引数はどう指定すればいい？

それでは【処理手順 2】「フィルターで目的の顧客のデータを抽出」の命令文を記述します。AutoFilterメソッドで売上の表から目的の顧客のデータを抽出するコードはどう書けばよいか考えましょう。

書式の「セル」は、表に含まれる1つのセルを指定してもよいのでした。今回は売上の表（ワークシート「売上」のA4～G20セル）の左上であるA4セルを指定するとします。引数Fieldには、抽出の基準の列「顧客」は2列目に位置するので、数値の2を指定すればよいことになります。引数Criteria1には、抽出する値として、目的の顧客を指定します。目的の顧客はD2セルに入っているので、そのセルの値を指定します。

以上を踏まえると、顧客を抽出するコードは以下とわかります。セルの親オブジェクトには、ワークシートのオブジェクトも忘れずに指定します。コードが長くなるので、「,」の後（引数Criteria1の手前）で、「 _」によって改行するとします。

```
Worksheets("売上").Range("A4").AutoFilter Field:=2, _
    Criteria1:=Worksheets("売上").Range("D2").Value
```

目的の顧客のデータを抽出するコード

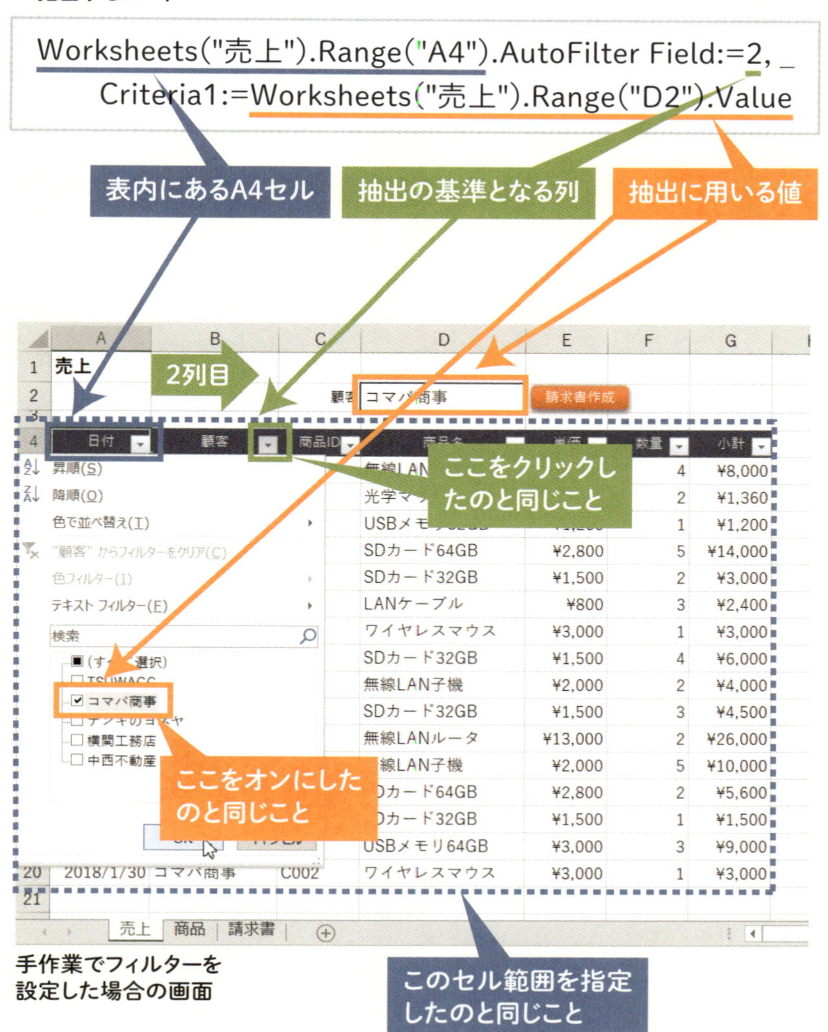

Chapter 07

抽出するコードを書いて動作確認しよう

D2セルの顧客での抽出を動作確認

それでは、前節で考えた抽出のコードを記述しましょう。Subプロシージャ「請求書作成」に追加してください。もし、Chapter07の02の練習で追加したClearContentsメソッドの命令文が残っていたら削除しておいてください。

追加前

```
Sub 請求書作成()
    Worksheets("請求書").Range("A3").Value = _
        Worksheets("売上").Range("D2").Value
End Sub
```

追加後

```
Sub 請求書作成()
    Worksheets("請求書").Range("A3").Value = _
        Worksheets("売上").Range("D2").Value
    Worksheets("売上").Range("A4").AutoFilter Field:=2, _
        Criteria1:=Worksheets("売上").Range("D2").Value
End Sub
```

追加できたら、さっそく動作確認しましょう。実行前に、D2セルに顧客名を入力してください。実行すると次の画面のように、D2セルの顧客のデータが抽出され、該当する行だけに絞り込まれます。

意図通り抽出できた

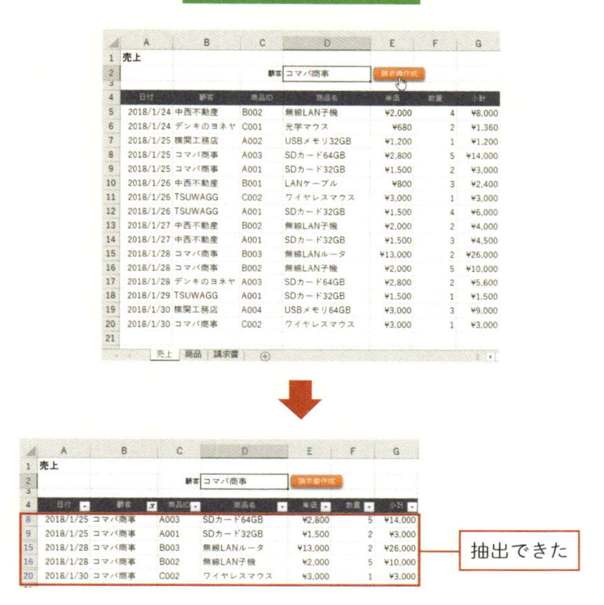

余裕があれば、D2セルの顧客をいろいろ変えて実行し、ちゃんとその顧客で抽出されるか試してみるとよいでしょう。

動作確認できたら、次の動作確認に備えて、フィルターを解除しておきましょう。[データ]タブの[フィルター]をクリックして、ボタンが反転していない状態に戻せば、解除できます。

フィルターを解除

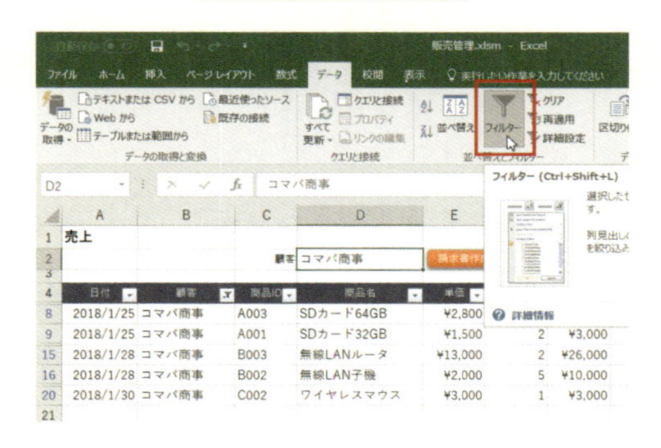

Column

メソッドの引数を指定するもう1つの方法

メソッドの引数を指定するには、「引数名:=」を書かず、値のみを「,」区切りで並べて記述する方法もあります。

【書式】

```
オブジェクト.メソッド 値1,値2,値3…
```

メソッドごとに引数の順番が決められており、この書き方ではその順に従って値を並べていく必要があります。たとえばChapter07の06～07で登場した抽出のAutoFilterメソッドのコードなら、次のように記述します。

```
Worksheets("売上").Range("A4").AutoFilter 2,Worksheets("売上").Range("D2").Value
```

また、指定を省略する引数があるなら、その引数の順の場所には「,」だけを記述する必要があります。

この指定方法はコードが短くなるメリットがあります。一方、引数の順や省略の際の書き方など、わかりづらいというデメリットがあります。初心者は、最初は引数名ありの方法（Chapter07の04）で記述し、慣れてきたら本コラムの方法も適宜使うことをオススメします。

請求書を自動作成するマクロを完成させよう

Chapter 08 01

転記しない列を隠すには

"親・子・孫"の階層構造もある

Chapter07では、ワークシート「売上」の表にて、目的の顧客のデータをフィルターで抽出しました。そのデータを本節からChapter08の12にかけて、ワークシート「請求書」の表（A10セル以降）に転記する処理を作成します。その処理手順はChapter04の03（76ページ）で考えた【処理手順3】～【処理手順5】です。

本節からChapter08の03では【処理手順3】の「B列「顧客」を非表示にする」の命令文を記述します。指定した列をVBAで非表示にする命令文は、列全体のオブジェクトである「Columns」と、列の表示/非表示のプロパティである「Hidden」を使って記述します。書式は右図になります。

この命令文のポイントは、オブジェクトの親子関係（階層構造）でいうと、セルの下の階層も親子関係となっている点です。セルの子（下の層）には列全体のオブジェクトがあります。さらにその下に、表示/非表示のプロパティがあるという構造になっています。セルから見ると、孫オブジェクトに該当します。

このような2世代以上の親子関係は、VBAではよく登場します。たとえば、セルのフォントの色やサイズを設定する命令文などです。

列を非表示にする命令文の書式

列の表示/非表示を設定する命令文の書式

セル. Columns.Hidden= 設定値

- セル：目的の列に含まれるセル
- Columns：列全体のオブジェクト
- Hidden：列の表示/非表示のプロパティ
- 設定値：以下のいずれかを代入　表示→False　非表示→True

これで目的の列全体のオブジェクトとなる。たとえばB4セルを指定すれば、B列全体のオブジェクトとなる。

「True」と「False」は次節で解説します

2世代以上の親子関係の例

［親］――［ワークシート］

［子］――［セル］

［孫］――［列全体］

［ひ孫］――［表示/非表示］

何世代のどういう親子関係なのかは、オブジェクトの種類ごとに異なるよ。いちいち暗記しなくとも、本やWebで毎回調べればOK!

「True」と「False」って何？

Trueは「はい」、Falseは「いいえ」

「**Ture**」と「**False**」は右図のように意味を持つ特別な値です。Trueは「はい」、Falseは「いいえ」といった感覚で捉えておけば、実用上は問題ありません。読み方はTrueが「トゥルー」、Falseは「フォルス」または「フォールス」です。

TureとFalseのような値は専門用語で「**論理値**」と呼ばれます。Trueの意味は日本語の専門用語だと「真」(しん)、Falseは「偽」(ぎ)と呼ばれます。

なお、Excelでは真偽の論理値はVBAのみならず、IF関数など関数の条件式で使われており、成立する場合はTRUE、不成立の場合はFALSEという大文字で表現されます。また、真偽の論理値はVBAだけでなく、あらゆるプログラミング言語で用いられている仕組みです。

TrueとFalseの意味

反対の意味

False
（フォルス）

「真」

意味
・はい
・Yes
・成立する
・正しい

「偽」

意味
・いいえ
・No
・成立しない
・正しくない

半角のアルファベットにて、先頭1文字のみ大文字で、以降は小文字で記述するんだね。この形式に反して書いても、別の行に移動すれば、VBEが自動で修正してくれるよ

Chapter 08

転記しない列を自動で隠そう

 B列「顧客」を非表示にする

それでは、ワークシート「売上」の表のB列「顧客」を非表示にする命令文はどのように書けばよいか考えてみましょう。書式はChapter08の01で学んだように「セル.Columns.Hidden = 設定値」でした。「セル」の部分には、ワークシート「売上」のB列に含まれるセルなら何でもよいのですが、今回は列見出しのB4セルを指定するとします。「設定値」には、非表示にしたいのでTrueを指定します。

```
Worksheets("売上").Range("B4").Columns.Hidden = True
```

この命令文をSubプロシージャ「請求書作成」に追加してください。

追加前

```
Sub 請求書作成()
    Worksheets("請求書").Range("A3").Value = _
            Worksheets("売上").Range("D2").Value
    Worksheets("売上").Range("A4").AutoFilter Field:=2, _
        Criteria1:=Worksheets("売上").Range("D2").Value
End Sub
```

追加後

```
Sub 請求書作成()
    Worksheets("請求書").Range("A3").Value = _
           Worksheets("売上").Range("D2").Value
    Worksheets("売上").Range("A4").AutoFilter Field:=2, _
        Criteria1:=Worksheets("売上").Range("D2").Value
    Worksheets("売上").Range("B4").Columns.Hidden = True
End Sub
```

追加できたら、さっそく動作確認しましょう。実行すると、次の画面1のように、B列が非表示になります。その際、前章で追加したFilterメソッドの命令文によって、D2セルの顧客のデータが抽出された後、B列が非表示になります。

抽出後、B列が非表示になった（画面1）

	A	B	C	D	E	F	G
1	売上						
2			顧客	コマパ商事	請求書作成		
3							
4	日付	顧客	商品ID	商品名	単価	数量	小計
5	2018/1/24	中西不動産	B002	無線LAN子機	¥2,000	4	¥8,000
6	2018/1/24	デンキのヨネヤ	C001	光学マウス	¥680	2	¥1,360
7	2018/1/25	横関工務店	A002	USBメモリ32GB	¥1,200	1	¥1,200
8	2018/1/25	コマパ商事	A003	SDカード64GB	¥2,800	5	¥14,000
9	2018/1/25	コマパ商事	A001	SDカード32GB	¥1,500	2	¥3,000
10	2018/1/26	中西不動産	B001	LANケーブル	¥800	3	¥2,400
11	2018/1/26	TSUWAGG	C002	ワイヤレスマウス	¥3,000	1	¥3,000
12	2018/1/26	TSUWAGG	A001	SDカード32GB	¥1,500	4	¥6,000
13	2018/1/27	中西不動産	B002	無線LAN子機	¥2,000	2	¥4,000
14	2018/1/27	中西不動産	A001	SDカード32GB	¥1,500	3	¥4,500
15	2018/1/28	コマパ商事	B003	無線LANルータ	¥13,000	2	¥26,000
16	2018/1/28	コマパ商事	B002	無線LAN子機	¥2,000	5	¥10,000
17	2018/1/28	デンキのヨネヤ	A003	SDカード64GB	¥2,800	2	¥5,600
18	2018/1/29	TSUWAGG	A001	SDカード32GB	¥1,500	1	¥1,500
19	2018/1/30	横関工務店	A004	USBメモリ64GB	¥3,000	3	¥9,000
20	2018/1/30	コマパ商事	C002	ワイヤレスマウス	¥3,000	1	¥3,000
21							

売上｜商品｜請求書

準備完了

↓

	A	C	D	E	F	G	H	I	J
1	売上								
2		顧客	コマパ商事	請求書作成					
3									
4	日付	商品ID	商品名	単価	数量	小計			
8	2018/1/25	A003	SDカード64GB	¥2,800	5	¥14,000			
9	2018/1/25	A001	SDカード32GB	¥1,500	2	¥3,000			
15	2018/1/28	B003	無線LANルータ	¥13,000	2	¥26,000			
16	2018/1/28	B002	無線LAN子機	¥2,000	5	¥10,000			
20	2018/1/30	C002	ワイヤレスマウス	¥3,000	1	¥3,000			
21									

これで意図通りB列が非表示になったことを確認できました。次の動作確認に備えて、B列を再表示しておきましょう。A列とC列の列番号の部分をドラッグして同時に選択し、右クリック→［再表示］をクリックしてください（画面2）。

B列を再び表示する（画面2）

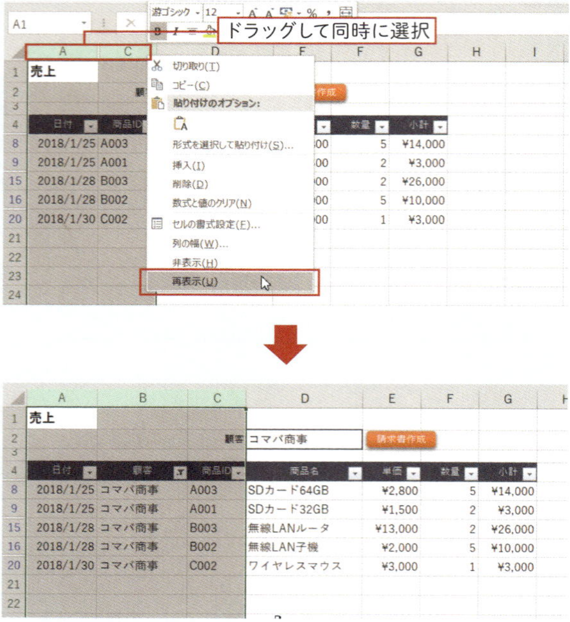

さらには［データ］タブの［フィルター］をクリックして、フィルターも解除しておいてください（画面3）。

フィルターを解除（画面3）

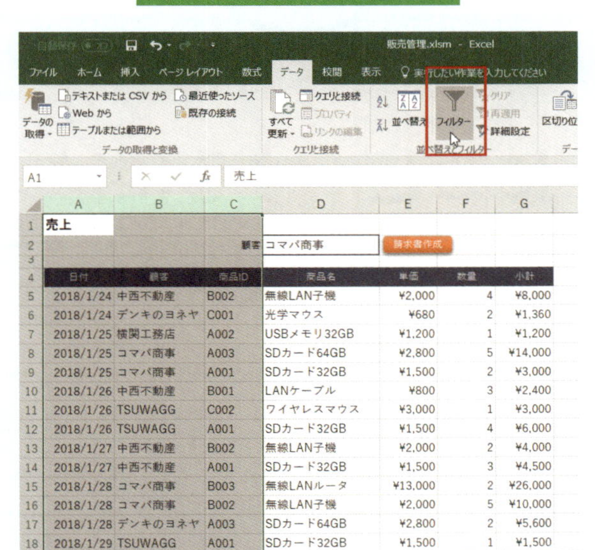

日付	顧客	商品ID	商品名	単価	数量	小計
2018/1/24	中西不動産	B002	無線LAN子機	¥2,000	4	¥8,000
2018/1/24	デンキのヨネヤ	C001	光学マウス	¥680	2	¥1,360
2018/1/25	横関工務店	A002	USBメモリ32GB	¥1,200	1	¥1,200
2018/1/25	コマバ商事	A003	SDカード64GB	¥2,800	5	¥14,000
2018/1/25	コマバ商事	A001	SDカード32GB	¥1,500	2	¥3,000
2018/1/26	中西不動産	B001	LANケーブル	¥800	3	¥2,400
2018/1/26	TSUWAGG	C002	ワイヤレスマウス	¥3,000	1	¥3,000
2018/1/26	TSUWAGG	A001	SDカード32GB	¥1,500	4	¥6,000
2018/1/27	中西不動産	B002	無線LAN子機	¥2,000	2	¥4,000
2018/1/27	中西不動産	A001	SDカード32GB	¥1,500	3	¥4,500
2018/1/28	コマバ商事	B003	無線LANルータ	¥13,000	2	¥26,000
2018/1/28	コマバ商事	B002	無線LAN子機	¥2,000	5	¥10,000
2018/1/28	デンキのヨネヤ	A003	SDカード64GB	¥2,800	2	¥5,600
2018/1/29	TSUWAGG	A001	SDカード32GB	¥1,500	1	¥1,500
2018/1/30	横関工務店	A004	USBメモリ64GB	¥3,000	3	¥9,000
2018/1/30	コマバ商事	C002	ワイヤレスマウス	¥3,000	1	¥3,000

列の再表示はChapter08の08、フィルターの解除はChapter08の09にて自動化する命令文を追加しますので、それまではお手数ですが、動作確認のたびに画面2と画面3の操作を行ってください。

Chapter 08

セル範囲をクリップボードにコピーするには

Copyメソッドでコピーする

本節からChapter08の06にかけて、【処理手順4】の「売上データをコピー」の命令文を記述します。

指定したセルをクリップボードにコピーするには、Copyメソッドを使います。［コピー］コマンドの機能に該当するメソッドです。書式は右図上の通りです。

書式の「セル」の部分は単一セルに加え、セル範囲のオブジェクトも指定できます。セル範囲のオブジェクトの書式は右図下の通りです。Rangeのカッコ内に、目的のセル範囲の始点セル番地と終点セル番地を「:」(コロン) で結んだ形式の文字列を指定します。たとえばA1 ～ C3セルなら、始点セルがA1、終点セルがC3なので、「Range("A1:C3")」と記述します。

この始点と終点のセル番地を「:」で結ぶ形式は、SUM関数の合計範囲の指定など、関数でもお馴染みの形式です。

Copyメソッドの使い方

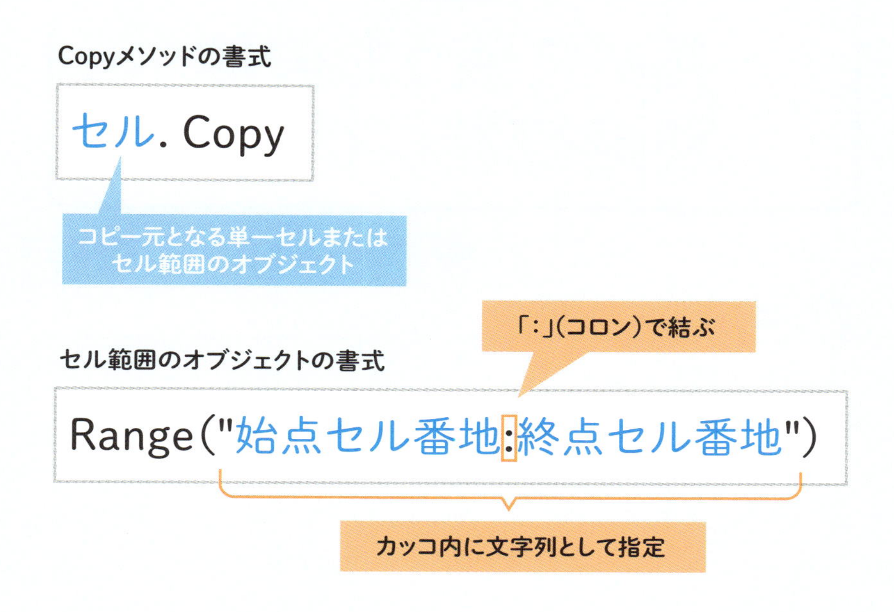

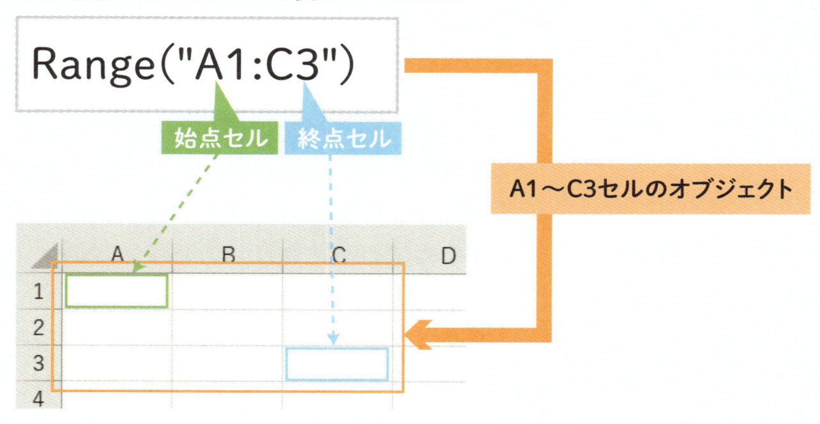

Chapter 08

初めて使うものは別途練習してから

「練習用」のSubプロシージャで練習

前節では、Copyメソッドによって、指定したセル範囲をクリップボードにコピーする方法を学びました。さっそく【処理手順4】の「売上データをコピー」の命令文を書いていきたいところですが、ここで少々回り道をします。

Copyメソッドはここで初めて使うメソッドなので、どのようなコードを書いたらどのように動作するのか、使い方がよくわかっていません。特に売上の表はここまでにフィルターで抽出し、B列を非表示にしており、元のかたちからいくぶん加工されています。この状態でCopyメソッドを実行しても、売上の表のどの部分がコピーされたのかひと目でわからず、結局使い方はよくわからないでしょう。

そこで、Copyメソッドの基本的な使い方を把握するために、Copyメソッドだけをシンプルなかたちの命令文として、別途単独で記述して動作確認するとします。その際の記述先は、これまで段階的に作成してきたSubプロシージャ「請求書作成」ではなく、別のSubプロシージャを新たに作って、それを用いるとします。

いわば、“本番用”のSubプロシージャ「請求書作成」とは別に、“練習用”のSubプロシージャを設けて、まずはそちらにて、Copyメソッドをシンプルなかたちで練習して、基本的な使い方を把握します。そうやって把握した後、本番用であるSubプロシージャ「請求書作成」にて、Copyメソッドのコードを記述します。なぜ練習用Subプロシージャを別途設けるのか、なぜシンプルなかたちで練習するのか、その理由はChapter08の07で改めて解説するので、とりあえず体験してみましょう。

Copyメソッド練習用の命令文は今回、ワークシート「売上」のA5～G20セルをコピーするとします。このセル範囲は、売上の表で見出しを除いた領域になります。A5～G20セルのオブジェクトは前節で学んだ通り、「Range("A5:G20")」と書けばよいとわかります。あとはCopyメソッドを付ければよいことになります。

```
Range("A5:G20").Copy
```

ここではコードを簡素化するため、親（上の階層）にワークシート「売上」のオブジェクトは指定しないとします。ただし、必ずワークシート「売上」を表示した状態で実行するとします。Chapter06の11で学んだように、セルのオブジェクトだけを記述すると、そのセルは現在表示中のワークシートにおけるセルと見なされるのでした。ワークシート「売上」のA5～G20セルをコピーするためには、ワークシート「売上」を表示した状態で実行する必要があります。

練習用のSubプロシージャの名前は、既存のSubプロシージャ「請求書作成」と重複しなければ何でもよいのですが、今回は「test」とします。では、Subプロシージャ「test」をSubプロシージャ「請求書作成」の下に別途追加で記述し、その中に先ほど考えたCopyメソッド練習用の命令文だけを記述してください。

```
Sub test
    Range("A5:G20").Copy
End Sub
```

練習Subプロシージャ「test」を追加

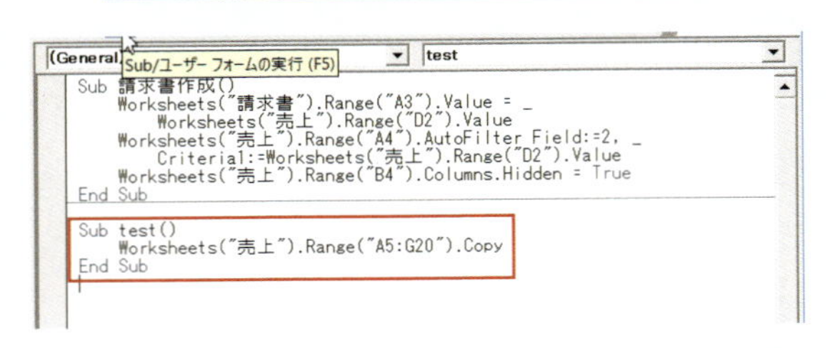

命令文を書いて実行して練習

練習用Subプロシージャ「test」、およびCopyメソッド練習用の命令文を書けたところで、さっそく動作確認してみましょう。先ほどの繰り返しになりますが、ワークシート「売上」が表示された状態にしておいてください。

実行方法ですが、Subプロシージャ「test」は何かしらのボタンにマクロとして登録していないため、Chapter05の07で学んだ「マクロ」画面から実行する必要があります。その方法でもよいのですが、いちいち「マクロ」画面を開くのはメンドウです。そこで、別の方法を紹介します。VBE上から直接実行する方法です。

実行手順は最初に、Subプロシージャ「test」のコード内のいずれかの箇所をクリックするなどして、同Subプロシージャの中でカーソルが点滅している状態にしてください。そのような状態になっていると、コードウィンドウの右上のボックス（「プロシージャボックス」と呼びます）に、Subプロシージャ名である「test」が表示されます。逆にもし表示されていなければ、改めてコード内をクリックし、表示されるようにしてください。

次に、その状態のまま、VBEのツールバーの［Sub/ユーザーフォームの実行］をクリックしてください。これでSubプロシージャ「test」が実行されます。

VBEから直接実行する方法

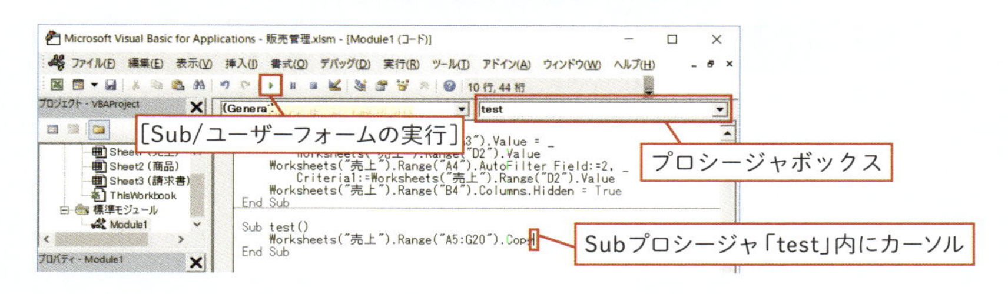

実行すると、手動で［コピー］コマンドを実行した直後のように、A5～G20セルの周囲に点線のアニメーションが表示されます。

A5～G20セルがコピーされた

	A	B	C	D	E	F	G
1	売上						
2			顧客	コマバ商事			
4	日付	顧客	商品ID	商品名	単価	数量	小計
5	2018/1/24	中西不動産	B002	無線LAN子機	¥2,000	4	¥8,000
6	2018/1/24	デンキのヨネヤ	C001	光学マウス	¥680	2	¥1,360
7	2018/1/25	横関工務店	A002	USBメモリ32GB	¥1,200	1	¥1,200
8	2018/1/25	コマバ商事	A003	SDカード64GB	¥2,800	5	¥14,000
9	2018/1/25	コマバ商事	A001	SDカード32GB	¥1,500	2	¥3,000
10	2018/1/26	中西不動産	B001	LANケーブル	¥800	3	¥2,400
11	2018/1/26	TSUWAGG	C002	ワイヤレスマウス	¥3,000	1	¥3,000
12	2018/1/26	TSUWAGG	A001	SDカード32GB	¥1,500	4	¥6,000
13	2018/1/27	中西不動産	B002	無線LAN子機	¥2,000	2	¥4,000
14	2018/1/27	中西不動産	A001	SDカード32GB	¥1,500	3	¥4,500
15	2018/1/28	コマバ商事	B003	無線LANルータ	¥13,000	2	¥26,000
16	2018/1/28	コマバ商事	B002	無線LAN子機	¥2,000	5	¥10,000
17	2018/1/28	デンキのヨネヤ	A003	SDカード64GB	¥2,800	2	¥5,600
18	2018/1/29	TSUWAGG	A001	SDカード32GB	¥1,500	1	¥1,500
19	2018/1/30	横関工務店	A004	USBメモリ64GB	¥3,000	3	¥9,000
20	2018/1/30	コマバ商事	C002	ワイヤレスマウス	¥3,000	1	¥3,000

売上　商品　請求書

コピー範囲が
点線で囲まれる

これでクリップボードにコピーされたことは確認できましたが、本当にちゃんとA5～G20セルがコピーされたのか、もう一歩踏み込んで動作確認してみましょう。具体的には、手動で［貼り付け］コマンドを実行して、適当な場所へ実際に貼り付けることで確認します。

今回は同じワークシート「売上」のI5セル以降に手動で貼り付けるとします。ではI5セルを選択し、［ホーム］タブの［貼り付け］をクリックしてください。

I5セル以降に手動で貼り付け

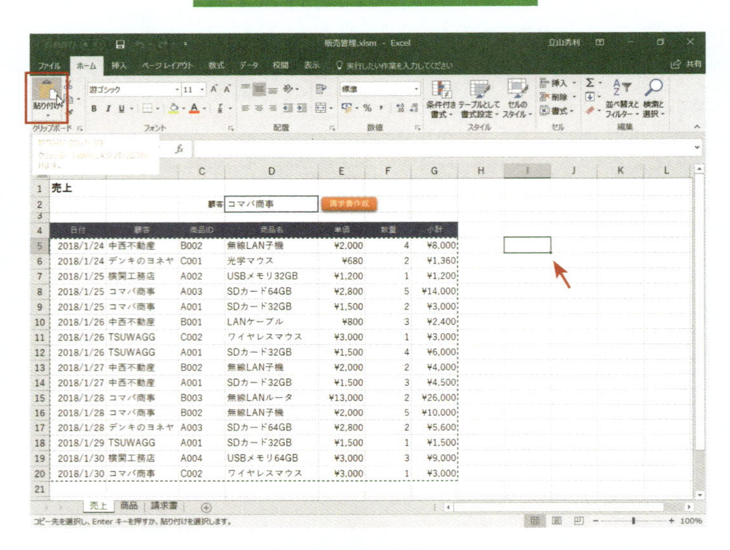

するとこのようにI5～O20セルにわたってデータが貼り付けられます。

I5～O20セルに貼り付けられた

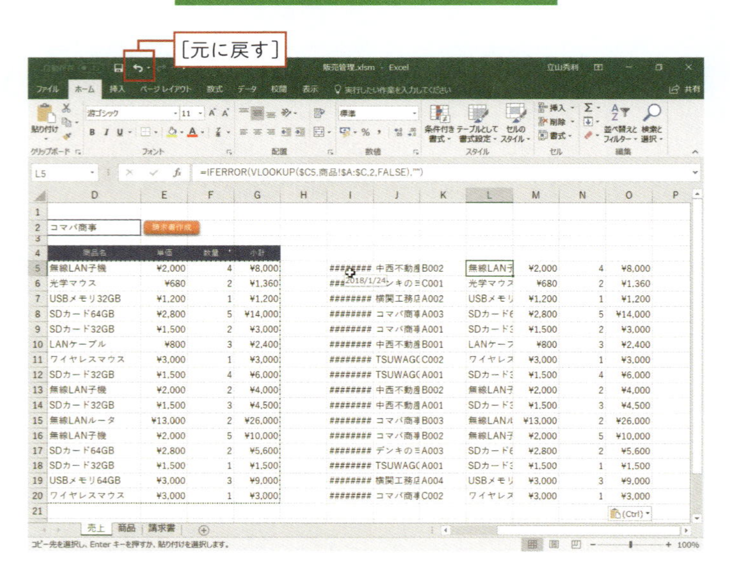

I列にはA列の日付が貼り付けられるはずですが、「#」が表示されています。これはデータに対してセル幅が足りない場合にダミーで表示されるものです。列幅を広げれば、ちゃんと日付が表示されます。もしくは列幅を広げなくても、上記画面のようにマウスポインターを重ねれば、日付がポップアップで表示されます。

L列には商品名、M列には単価、O列には小計が貼り付けられました。D列、E列、G列の数式が貼り付けられ、その計算結果が表示されたことになります。あわせて、金額の表示形式も貼り付けられています。

このように練習をしたことで、どのようにコードを書いたらどのように動作するのか、Copyメソッドの基本的な使い方を把握できました。

Copyメソッド練習用の命令文の動作確認は以上です。次の動作確認に備えて、元の状態に戻しておきましょう。手動による貼り付けを元に戻すには、［元に戻す］コマンドが便利です。クイックアクセスツールバーの［元に戻す］をクリックするか、ショートカットキーの Ctrl ＋ Z キーを押してください。

なお、Copyメソッドによるコピーには、［元に戻す］コマンドは使えません。VBAによる処理には、［元に戻す］コマンドが効かないというルールになっています。とはいえ、コピーは特にワークシート上には変更がなされないので、元の状態に戻す操作は不要です。

［形式を選択して貼り付け］で動作確認

ここでさらに、クリップボードに現在コピーされているA5～G20セルを、今度は［形式を選択して貼り付け］の［値］コマンドを手動で実行することで、値のみ貼り付けた結果も動作確認してみましょう。

同じくI5セルを選択したら、［ホーム］タブの［貼り付け］の［▼］をクリックし、［値］をクリックしてください。なお、［値］にマウスポインターを重ねると、プレビュー機能によって、貼り付け先のセル範囲にデータが表示されます。

手動で値のみ貼り付ける

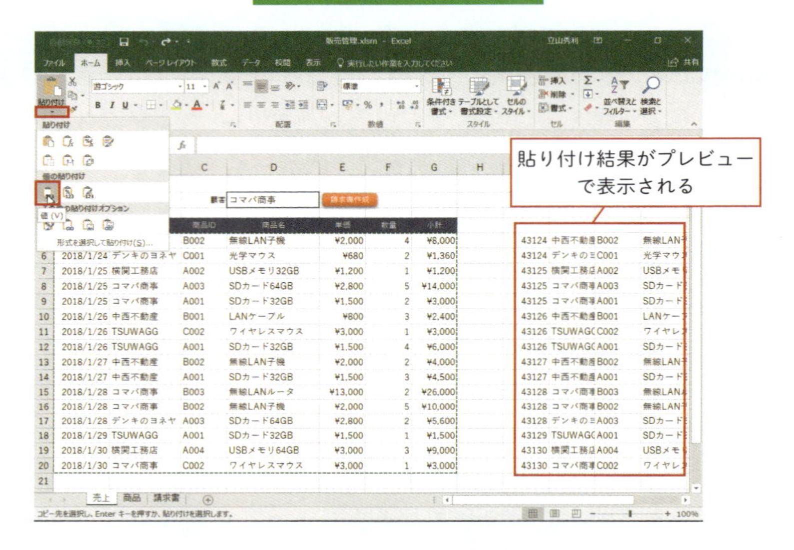

［値］をクリックすると、このように値のみが貼り付けられます。

値のみが貼り付けられた

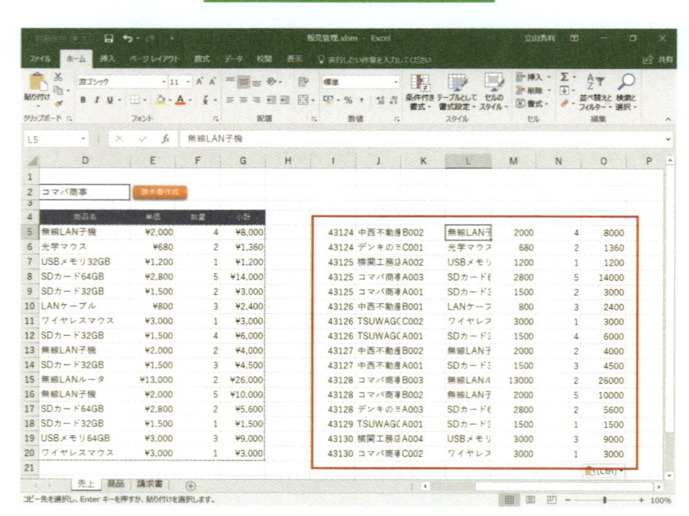

今度はL列とM列とO列には、数式ではなく値が貼り付けられます。値のみなので書式は貼り付けられないため、M列とO列は通貨の表示形式ではありません。

I列の日付も同様に表示形式は貼り付けられないので、単なる整数（シリアル値）だけが貼り付けられますが、［ホーム］タブの［表示形式］から表示形式を［短い日付形式］に設定すれば、日付であることが確認できます。

I列を日付の表示形式に設定した例

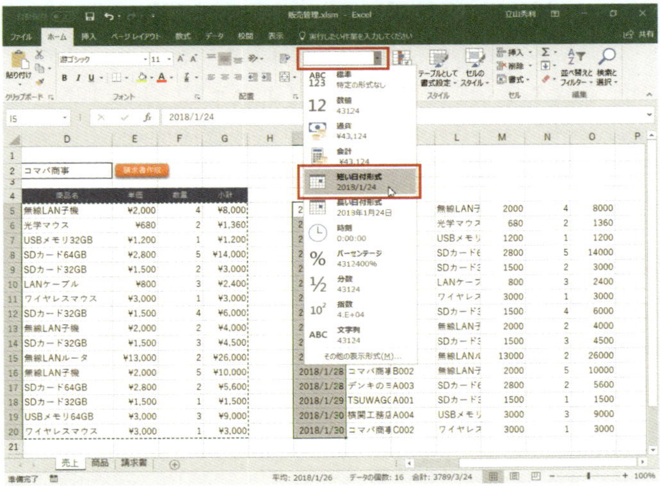

Chapter 08

目的の顧客のデータをコピーしよう

本番用の命令文を書く

前節の練習によってCopyメソッドの基本的な使い方を把握できたところで、次は本番の処理として、【処理手順4】の「売上データをコピー」の命令文をSubプロシージャ「請求書作成」の中に書きましょう。

Copyメソッドの書式の「セル」の部分には、転記したい売上データのセル範囲（転記元のセル範囲）を指定するのでした。そのセル範囲に該当するのは、ワークシート「売上」にある売上データの表のセル範囲（A4～G20）で、列見出しの行である4行目を除いたA5～G20セルです。このセル範囲のオブジェクトをCopyメソッドの書式の「セル」の部分に指定すれば、クリップボードにコピーできます。

A5～G20セルのオブジェクトは「Range("A5:G20")」とわかります。親オブジェクトとして、ワークシート「売上」も忘れずに指定します。以上を踏まえると、【処理手順4】の命令文は以下になります。前節のCopyメソッド練習用の命令文に、親オブジェクトとして「Worksheets("売上").」が加わっただけです。

```
Worksheets("売上").Range("A5:G20").Copy
```

では、この命令文をSubプロシージャ「請求書作成」に追加してください。

追加前

```
Sub 請求書作成()
    Worksheets("請求書").Range("A3").Value = _
        Worksheets("売上").Range("D2").Value
    Worksheets("売上").Range("A4").AutoFilter Field:=2, _
        Criteria1:=Worksheets("売上").Range("D2").Value
    Worksheets("売上").Range("B4").Columns.Hidden = True
End Sub
```

追加後

```
Sub 請求書作成()
    Worksheets("請求書").Range("A3").Value = _
        Worksheets("売上").Range("D2").Value
    Worksheets("売上").Range("A4").AutoFilter Field:=2, _
        Criteria1:=Worksheets("売上").Range("D2").Value
    Worksheets("売上").Range("B4").Columns.Hidden = True
    Worksheets("売上").Range("A5:G20").Copy
End Sub
```

追加できたら、さっそく動作確認しましょう。Subプロシージャ「請求書」は、ワークシート「売上」上の［請求書作成］ボタンに登録しているので、クリックで実行できるのでした。実行すると、次の画面のように、A5～G20セルの周囲に点線のアニメーションが表示され、クリップボードにコピーされたことが確認できます。

このようにコピーされた

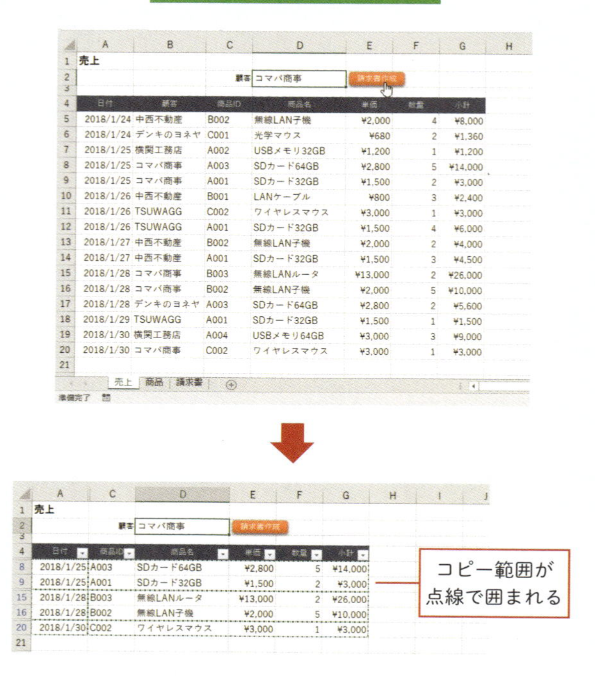

売上

顧客 コマパ商事 請求書作成

日付	顧客	商品ID	商品名	単価	数量	小計
2018/1/24	中西不動産	B002	無線LAN子機	¥2,000	4	¥8,000
2018/1/24	デンキのヨネヤ	C001	光学マウス	¥680	2	¥1,360
2018/1/25	横関工務店	A002	USBメモリ32GB	¥1,200	1	¥1,200
2018/1/25	コマパ商事	A003	SDカード64GB	¥2,800	5	¥14,000
2018/1/25	コマパ商事	A001	SDカード32GB	¥1,500	2	¥3,000
2018/1/26	中西不動産	B001	LANケーブル	¥800	3	¥2,400
2018/1/26	TSUWAGG	C002	ワイヤレスマウス	¥3,000	1	¥3,000
2018/1/26	TSUWAGG	A001	SDカード32GB	¥1,500	4	¥6,000
2018/1/27	中西不動産	B002	無線LAN子機	¥2,000	2	¥4,000
2018/1/27	中西不動産	A001	SDカード32GB	¥1,500	3	¥4,500
2018/1/28	コマパ商事	B003	無線LANルータ	¥13,000	2	¥26,000
2018/1/28	コマパ商事	B002	無線LAN子機	¥2,000	5	¥10,000
2018/1/28	デンキのヨネヤ	A003	SDカード64GB	¥2,800	2	¥5,600
2018/1/29	TSUWAGG	A001	SDカード32GB	¥1,500	1	¥1,500
2018/1/30	横関工務店	A004	USBメモリ64GB	¥3,000	3	¥9,000
2018/1/30	コマパ商事	C002	ワイヤレスマウス	¥3,000	1	¥3,000

売上 商品 請求書

準備完了

売上

顧客 コマパ商事 請求書作成

日付	商品ID	商品名	単価	数量	小計
2018/1/25	A003	SDカード64GB	¥2,800	5	¥14,000
2018/1/25	A001	SDカード32GB	¥1,500	2	¥3,000
2018/1/28	B003	無線LANルータ	¥13,000	2	¥26,000
2018/1/28	B002	無線LAN子機	¥2,000	5	¥10,000
2018/1/30	C002	ワイヤレスマウス	¥3,000	1	¥3,000

　この動作確認で練習と異なるのは、売上の表がフィルターによってD2セルに入力された顧客のデータが抽出され、かつ、B列が非表示になっている状態でコピーが行われたことです。はたして、抽出されたデータのみで、かつ、B列を除いたセル範囲がコピーされているのでしょうか？　手動で［形式を選択して貼り付け］→［値］コマンドを実行することで確認してみましょう。

　今度はワークシート「請求書」の表に貼り付けて確認するとします。同ワークシートに切り替え、A10セルを選択し、前節と同様の手順で［形式を選択して貼り付け］→［値］を実行してください。

請求書に手動で貼り付ける

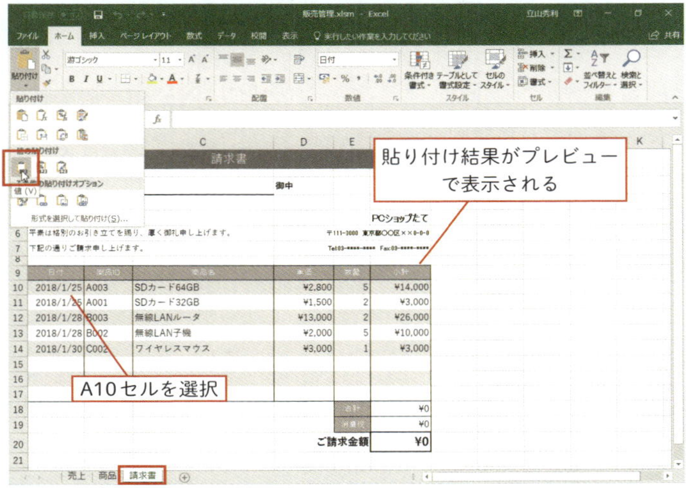

貼り付け結果がプレビューで表示される

A10セルを選択

　すると、データがこのように貼り付けられます。D2セルの顧客のデータだけが、B列を除いて貼り付けられました。このことから、意図通りのセル範囲がクリップボードにコピーされたことが確認できました。

意図通りコピーされたことが確認できた

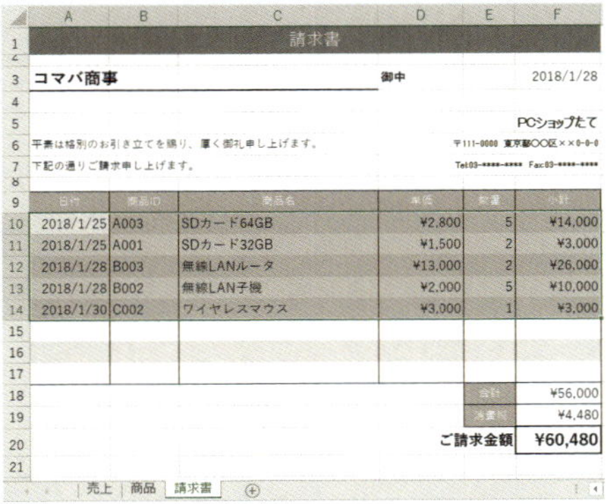

請求書

コマバ商事　御中　2018/1/28

PCショップたて

平素は格別のお引き立てを賜り、厚く御礼申し上げます。

下記の通りご請求申し上げます。

日付	商品ID	商品名	単価	数量	小計
2018/1/25	A003	SDカードF64GB	¥2,800	5	¥14,000
2018/1/25	A001	SDカードF32GB	¥1,500	2	¥3,000
2018/1/28	B003	無線LANルータ	¥13,000	2	¥26,000
2018/1/28	B002	無線LAN子機	¥2,000	5	¥10,000
2018/1/30	C002	ワイヤレスマウス	¥3,000	1	¥3,000
				合計	¥56,000
				消費税	¥4,480
				ご請求金額	¥60,480

　コピーするセル範囲は「Range("A5:G20")」とA5～G20セルを指定しており、フィルターで抽出されなかった行（非表示になった行）や非表示にしたB列も含まれています。しかし、実際にコピーしたセル範囲には含まれませんでした。このような結果になった理由は、フィルター機能およびコピー機能の“クセ”のようなものです。この件については本節末コラムでもう少々補足します。

　動作確認できたら、元の状態に戻しましょう。手動での貼り付けには［元に戻す］コマンドが使えます。Copyメソッドは前節同様に、元に戻す操作は不要です。フィルターとB列を隠す処理はVBAで行っており、［元に戻す］は使えないので、今まで通りChapter08の03の画面2と画面3の手動で元の状態に戻してください。
　なお、命令文の数が増えるに従い、元の状態に戻す操作の手間が増えてきたので、少々メンドウになってきました。動作確認で実行する前に上書き保存しておき、実行後はブックを保存せずに閉じ、再び開くという方法で元に戻しても構いません。

非表示にしたセルのコピーに注意

本節でクリップボードにコピーされたセル範囲には、フィルターで抽出されなかった行（非表示になった行）、および非表示にしたB列「顧客」は含まれませんでした。実は非表示にした列でも、通常ならコピーされるセル範囲に含まれます。行もフィルターではなく、行番号を右クリック→［非表示］によって非表示にしたなら、通常はコピーされるセル範囲に含まれます。

しかし、フィルターがオンになった状態だと、非表示にした行や列は含まれなくなります。フィルター機能およびコピー機能には、このようなルールがあるのです。今回の処理はたまたま事前にフィルターをオンにしていたので、抽出されず非表示になった行、非表示にしたB列がコピーされなかったのでした。

もし、フィルターをオンにしていない状態で、非表示にした行や列を除いてコピーしたければ、手作業で行うなら、「選択オプション」画面（［ホーム］タブの［検索と選択］→［条件を選択してジャンプ］で開く）の［可視セル］によってセル範囲を選択する必要があります。VBAで行うなら、「選択オプション」を操作する「SpecialCells」というメソッドを利用します。

Chapter 08

なぜ、ぶっつけ本番はダメなのか？

練習用Subプロシージャを用いる理由

使い方をよくわかっていないオブジェクト/プロパティ/メソッドなどを本番用Subプロシージャにいきなり使うと、大抵は目的の処理をうまく作れません。それだけなら修正すればよいのですが、なかには元に戻せないほどコードをいじりまわしてしまい、せっかく段階的に作り上げてきたプログラムが無に帰すケースもあります。そういった事態に陥らないよう、まずは練習用Subプロシージャで別途練習し、基本的な使い方を把握してから本番で使うのです。

また、いきなり本番用に使うと、他のオブジェクトなどと組み合わせるかたちが多いなど、どうしてもコードが長く複雑になりがちであり、基本的な使い方すら把握が困難です。そこで、練習用では別途、初めてのオブジェクトなどだけを使い、極力短くシンプルなかたちのコードで練習します。そのオブジェクトなどだけを集中して練習できるので、基本的な使い方がより把握しやすくなります。

練習用Subプロシージャの活用は、「段階的に作り上げる」の次に大事なノウハウなので、ぜひ身に付けましょう。何事もぶっつけ本番ではなく、練習してから挑むものですが、このノウハウはそれをプログラミングに適用しただけです。

練習用Subプロシージャのメリット

■いきなり本番に使うと・・・

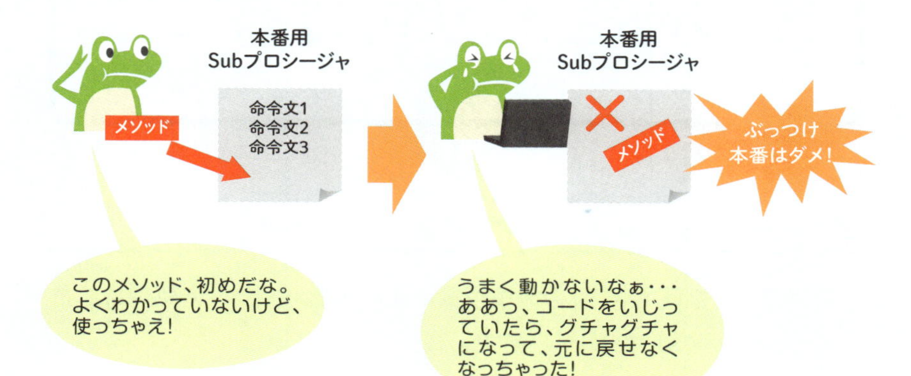

■練習してから本番に使うと・・・

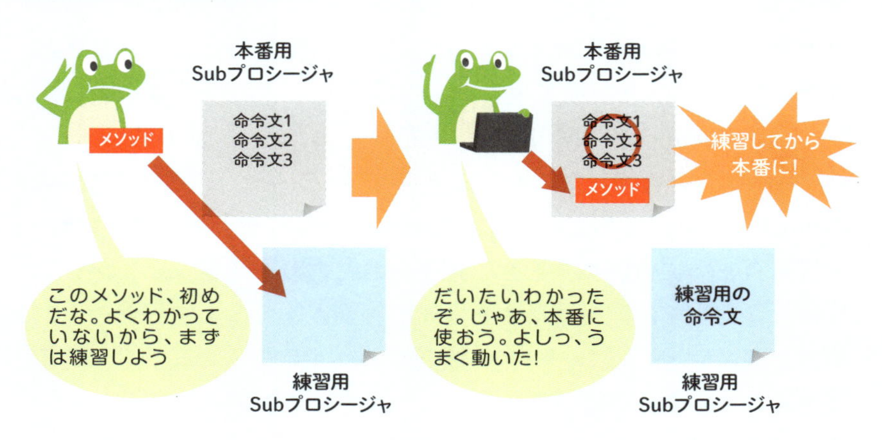

Chapter 08

値のみを貼り付けるには

PasteSpecialメソッドで値のみ貼り付け

続けて、【処理手順5】の「請求書に値のみ貼り付け」の処理を本節～Chapter08の10で作成します。

手作業で値のみ貼り付けるには、［形式を選択して貼り付け］の［値］コマンドを使うのでした。VBAによって同コマンドを自動で実行するには、「**PasteSpecial**」というメソッドを用います。基本的な書式は右図の通りです。「セル」の部分には、貼り付け先の基準となるセルのオブジェクトを指定します。通常は貼り付け先セル範囲の左上のセルを1つだけ指定します。

引数「Paste」には貼り付けの形式として、右図の表のいずれかの語句を指定します。たとえば値のみ貼り付けるなら、「**xlPasteValues**」を指定します。これらの語句は専門用語で「**定数**」と呼ばれます。VBAに最初から用意されており、設定などに用いる特殊な語句です。定数にはさまざまな種類があり、メソッドの引数の他、書式関連のプロパティの設定などにも用いられます。たとえばセルの文字色、罫線の種類などにそれぞれ定数が用意されており、VBAで設定する際はそれらの定数を該当するプロパティに指定（代入）します。

PasteSpecialメソッドの使い方

PasteSpecialメソッドの基本的な書式

```
セル. PasteSpecial Paste:= 貼り付け形式
```

貼り付け先のセル

引数Pasteで貼り付け形式を設定する

目的の貼り付け形式に応じて、以下の表の定数を指定

引数Pasteに指定できる主な定数

定数	貼り付け形式
xlPasteAll	すべて（既定値）
xlPasteFormulas	数式
xlPasteValues	値
xlPasteFormats	書式
xlPasteAllExceptBorders	罫線を除くすべて
xlPasteColumnWidths	列幅

他にも省略可能な引数がいくつかありますが、本書では解説を割愛させていただきます。

Chapter 08

PasteSpecialメソッドを練習しよう

 練習用Subプロシージャを再び活用

PasteSpecialメソッドもCopyメソッドと同じく、練習してから本番に使うとします。練習用の命令文は今回、ワークシート「売上」のI5セル以降に値のみを貼り付けるとします。練習用の命令文では、書式の「セル」の部分にはI5セルのオブジェクトを指定します。引数Pasteには、値のみを貼り付けるので、定数xlPasteValuesを指定します。

```
Range("I5").PasteSpecial Paste:=xlPasteValues
```

練習用Subプロシージャ「test」の中身を、上記の命令文に書き換えてください。

変更前

```
Sub test
    Range("A5:G6").Copy
End Sub
```

変更後

```
Sub test
    Range("I5").PasteSpecial Paste:=xlPasteValues
End Sub
```

　コードを書いていて気づいた方も多いかと思いますが、メソッドの引数もVBEのコードアシスト機能（126ページ）が利用できます。「:=」まで記述すると、指定可能な定数が一覧表示されるので、目的の定数を選び、ダブルクリックするか[Tab]キーを押せば入力できます。

コードアシスト機能で定数を入力

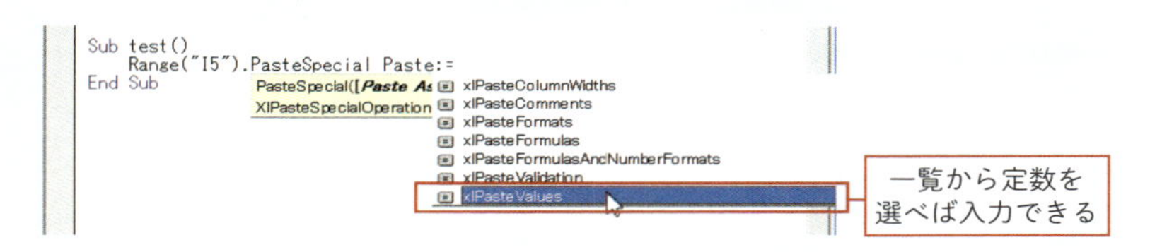

　練習用命令文のコードを記述できたら、動作確認してみましょう。その準備として、ワークシート「売上」が表示された状態にしておいてください。また、もしI列以降に何かしらのデータが残っていたら、すべて削除しておいてください。

　動作確認はまず手動の操作にて、任意のセル範囲をクリップボードにコピーします。今回はワークシート「売上」のA5～G6セルの2行分とします。では、A5～G6セルを選択し、［ホーム］タブの［コピー］をクリックしてコピーしてください。

A5～G6セルを手動でコピー

コピーできたら、引き続き手動でI5セルを選択してください。次に、[Sub/ユーザーフォームの実行]などして、Subプロシージャ「test」を実行してください。

練習用Subプロシージャを実行

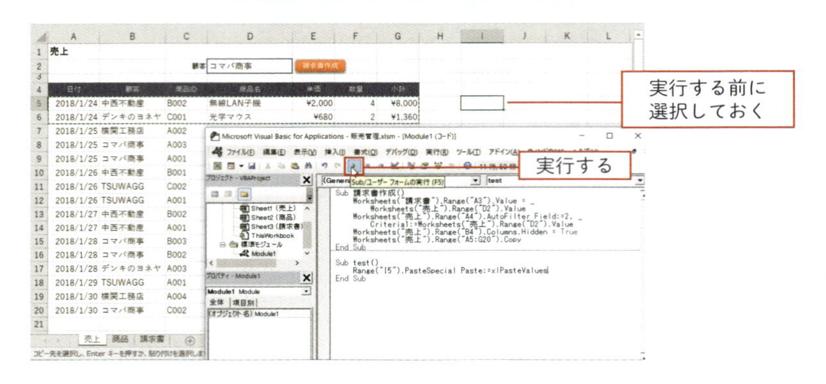

すると、PasteSpecialメソッドの命令文が実行され、次の画面のように、I5セル以降に値のみが貼り付けられます。

値のみが貼り付けられた

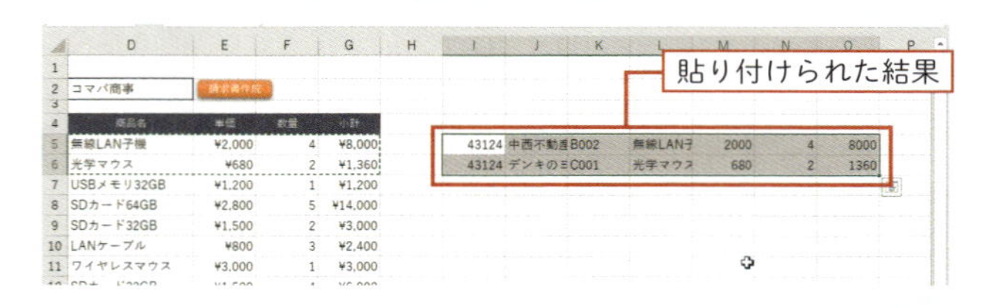

L～M列およびO列のセルをクリックして値を調べれば、値のみが貼り付けられたことが確認できます。たとえば、コピー元のD5セルはVLOOKUP関数の数式が入力されていますが、転記先のL5セルには数式ではなく、VLOOKUP関数で得られた値が貼り付けられま

す。L6セルやM5～M6セル、P5～O6セルも同様です。また、セルの表示形式については、I列は日付ではなく、M列とO列は金額ではないため、表示形式も一緒にコピーされずに値のみがコピーされたことが確認できます。

PasteSpecialメソッドの練習は以上です。これで基本的な使い方が把握できました。

練習する他の方法

実は練習用Subプロシージャを別途設けなくとも、VBEの「イミディエイトウィンドウ」という機能を使えば、練習用のコードを別途記述・実行できます。しかし、少々難しく感じる機能なので、初心者には練習用Subプロシージャを用いるノウハウをまずはオススメします。

Chapter 08

10 目的の顧客のデータの値のみを貼り付けよう

本番用の処理の命令文を書く

それでは、PasteSpecialメソッドを使い、本番の処理である【処理手順5】の「請求書に値のみ貼り付け」の命令文を作成しましょう。

目的の顧客の売上データの貼り付け先となるセル範囲は、ワークシート「請求書」のA10セル以降でした。PasteSpecialメソッドの書式の「セル」の部分には、そのセル範囲の左上のセルであるA10セルのオブジェクトを指定すればよいことになります。引数Pasteには練習と同じく、値のみを貼り付けたいので、定数xlPasteValuesを指定します。

以上を踏まえると【処理手順5】の命令文は次のように書けばよいとわかります。1行のコードが長くなったので、「.PasteSpecial ～」の手前で「 _」によって改行するとします。

```
Worksheets("請求書").Range("A10") _
    .PasteSpecial Paste:=xlPasteValues
```

それでは、Subプロシージャ「請求書作成」に追加してください。

追加前

```
Sub 請求書作成()
    Worksheets("請求書").Range("A3").Value = _
        Worksheets("売上").Range("D2").Value
    Worksheets("売上").Range("A4").AutoFilter Field:=2, _
        Criteria1:=Worksheets("売上").Range("D2").Value
    Worksheets("売上").Range("B4").Columns.Hidden = True
    Worksheets("売上").Range("A5:G20").Copy
End Sub
```

追加後

```
Sub 請求書作成()
    Worksheets("請求書").Range("A3").Value = _
        Worksheets("売上").Range("D2").Value
    Worksheets("売上").Range("A4").AutoFilter Field:=2, _
        Criteria1:=Worksheets("売上").Range("D2").Value
    Worksheets("売上").Range("B4").Columns.Hidden = True
    Worksheets("売上").Range("A5:G20").Copy
    Worksheets("請求書").Range("A10") _
        .PasteSpecial Paste:=xlPasteValues
End Sub
```

追加できたら、実行して動作確認しましょう。ワークシート「売上」のD2セルに顧客名を入力し、［請求書作成］ボタンをクリックしてください。

実行して動作確認する

	A	B	C	D	E	F	G
1	売上						
2			顧客	コマパ商事	請求書作成		
3							
4	日付	顧客	商品ID	商品名	単価	数量	小計
5	2018/1/24	中西不動産	B002	無線LAN子機	¥2,000	4	¥8,000
6	2018/1/24	デンキのヨネヤ	C001	光学マウス	¥680	2	¥1,360
7	2018/1/25	横関工務店	A002	USBメモリ32GB	¥1,200	1	¥1,200
8	2018/1/25	コマパ商事	A003	SDカード64GB	¥2,800	5	¥14,000

実行したら、ワークシート「請求書」に切り替えてください。このように、D2セルの顧客のデータが貼り付けられたことが確認できます。

意図通り貼り付けられた

	A	B	C	D	E	F
1	請求書					
2						
3	コマバ商事			御中		2018/1/30
4						
5						PCショップたて
6	平素は格別のお引き立てを賜り、厚く御礼申し上げます。					〒111-0000 東京都○○区××0-0-0
7	下記の通りご請求申し上げます。					Tel:03-****-**** Fax:03-****-****
8						
9	日付	商品ID	商品名	単価	数量	小計
10	2018/1/25	A003	SDカード64GB	¥2,800	5	¥14,000
11	2018/1/25	A001	SDカード32GB	¥1,500	2	¥3,000
12	2018/1/28	B003	無線LANルータ	¥13,000	2	¥26,000
13	2018/1/28	B002	無線LAN子機	¥2,000	5	¥10,000
14	2018/1/30	C002	ワイヤレスマウス	¥3,000	1	¥3,000
15						
16						
17						
18					合計	¥56,000
19					消費税	¥4,480
20					ご請求金額	¥60,480
21						

売上 商品 請求書

なお、ワークシート「請求書」の表は66ページで解説したように、あらかじめA列「日付」には日付、D列「単価」、E列「小計」には金額の表示形式がそれぞれ設定してあるのでした。そのため、値のみ貼り付けるだけで、上記画面のように表示されるようになっています。

また、C列「商品名」とD列「単価」については、転記元であるワークシート「売上」のD列「商品名」とE列「単価」のセルには、VLOOKUP関数の数式が入力されていますが、ワークシート「請求書」には値のみを貼り付けたので、VLOOKUP関数で得られた結果である商品名の文字列と単価の数値が入力される結果となります。なお、数式を転記したければ、「Formula」というプロパティを利用します。本書では詳しい解説を割愛させていただきます。

動作確認できたら、次の動作確認に備えて、元の状態に戻しておきましょう。ワークシート「請求書」については、表に貼り付けられた直後はそのセル範囲が選択された状態になっているので、そのまま Delete キーを押せば、素早くデータを削除できます。A3セルの宛名も同様に削除してください。ワークシート「売上」については、Chapter08の06と同様に操作でフィルターの解除やB列の再表示を行い、元の状態に戻してください。

Column

コードアシスト機能が使えない

VBEのコードアシスト機能（126ページ）は便利ですが、場合によっては使えないことがあります。たとえば、ワークシートのオブジェクトを「Worksheets("Sheet1")」と記述し、続けて「.」を記述しても、ポップアップのリストは表示されません。また、その後にセルを子オブジェクトとして記述し、続けて「.」を記述しても、ポップアップのリストは表示されません。セルのオブジェクトだけ記述した際はコードアシスト機能が使えるのに、親オブジェクトがあると使えないのです。

コードアシスト機能が使えるかどうかのルールは非常に複雑です。また、ワークシートのオブジェクトでも、使えるようにするワザがあります。それらのルールやワザは初心者には難しいので、解説は割愛させていただきます。「.」まで記述しても、ポップアップのリストが表示されなければ、残念ながらあきらめるしかないのが現状です。

Chapter 08

11 隠した列を再び表示しよう

列の再表示もHiddenプロパティで行う

本節では、【処理手順6】の「非表示にした列を再び表示」の命令文を作成します。ワークシート「売上」のB列「顧客」は転記の際に非表示にしました。その処理は【処理手順3】の命令文であり、B列全体のオブジェクトのHiddenプロパティにTrueを設定したのでした。

そのようにして非表示にした列を再び表示するには、HiddenプロパティにFalseを設定するだけです。

```
Worksheets("売上").Range("B4").Columns.Hidden = False
```

では、この命令文を追加しましょう。なお、慎重を期すなら、今までのHiddenプロパティとは異なる使い方なので、先に練習用Subプロシージャ「test」で練習すべきですが、今回は割愛させていただきます。

追加前

```
Sub 請求書作成()
    Worksheets("請求書").Range("A3").Value = _
        Worksheets("売上").Range("D2").Value
    Worksheets("売上").Range("A4").AutoFilter Field:=2, _
```

```
        Criteria1:=Worksheets("売上").Range("D2").Value
    Worksheets("売上").Range("B4").Columns.Hidden = True
    Worksheets("売上").Range("A5:G20").Copy
    Worksheets("請求書").Range("A10") _
            .PasteSpecial Paste:=xlPasteValues
End Sub
```

追加後

```
Sub 請求書作成()
    Worksheets("請求書").Range("A3").Value = _
        Worksheets("売上").Range("D2").Value
    Worksheets("売上").Range("A4").AutoFilter Field:=2, _
        Criteria1:=Worksheets("売上").Range("D2").Value
    Worksheets("売上").Range("B4").Columns.Hidden = True
    Worksheets("売上").Range("A5:G20").Copy
    Worksheets("請求書").Range("A10") _
            .PasteSpecial Paste:=xlPasteValues
    Worksheets("売上").Range("B4").Columns.Hidden = False
End Sub
```

追加できたら動作確認しましょう。すると、前節同様に請求書が作成されます。そして、本節で追加した【処理手順6】の命令文によって、ワークシート「売上」のB列「顧客」が自動で再び表示されるようになったことが確認できます。

B列「顧客」が自動で再表示された

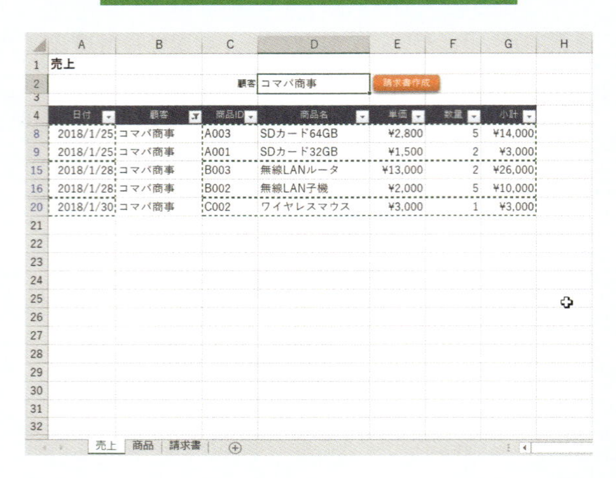

売上

顧客 コマパ商事 請求書作成

日付	顧客	商品ID	商品名	単価	数量	小計
2018/1/25	コマパ商事	A003	SDカード64GB	¥2,800	5	¥14,000
2018/1/25	コマパ商事	A001	SDカード32GB	¥1,500	2	¥3,000
2018/1/28	コマパ商事	B003	無線LANルータ	¥13,000	2	¥26,000
2018/1/28	コマパ商事	B002	無線LAN子機	¥2,000	5	¥10,000
2018/1/30	コマパ商事	C002	ワイヤレスマウス	¥3,000	1	¥3,000

売上 商品 請求書

動作確認できたら、元の状態に戻しておいてください。

特定の列を除いて転記する別の方法

Subプロシージャ「請求書作成」では、B列「顧客」を除いて転記するため、B列「顧客」を非表示にするという方法を採用しましたが、他にも考えられます。たとえば、まずはA列「日付」だけを転記し、続けてC列「商品ID」からD列「小計」を転記するという方法です。このように分割して転記する方法に従って命令文を記述しても、目的の実行結果は得られます。他にも何通りかあります。

Chapter 08

フィルターによる抽出を解除しよう

 フィルター解除もAutoFilterメソッドで行う

最後に、【処理手順7】の「フィルターを解除」の命令文を書きます。フィルターを解除するには、AutoFilterメソッドを引数なしで実行します。AutoFilterメソッドの使い方として、そのように決められているので、その文法・ルールに従います。

```
Worksheets("売上").Range("A4").AutoFilter
```

この命令文を追加してください。なお、今までのAutoFilterメソッドとは異なる使い方なので、本来は先練習用Subプロシージャ「test」で練習すべきですが、今回、割愛させていただきます。

追加前

```
Sub 請求書作成()
    Worksheets("請求書").Range("A3").Value = _
        Worksheets("売上").Range("D2").Value
    Worksheets("売上").Range("A4").AutoFilter Field:=2, _
        Criteria1:=Worksheets("売上").Range("D2").Value
    Worksheets("売上").Range("B4").Columns.Hidden = True
    Worksheets("売上").Range("A5:G20").Copy
```

```
    Worksheets("請求書").Range("A10") _
            .PasteSpecial Paste:=xlPasteValues
    Worksheets("売上").Range("B4").Columns.Hidden = False
End Sub
```

追加後

```
Sub 請求書作成()
    Worksheets("請求書").Range("A3").Value = _
        Worksheets("売上").Range("D2").Value
    Worksheets("売上").Range("A4").AutoFilter Field:=2, _
        Criteria1:=Worksheets("売上").Range("D2").Value
    Worksheets("売上").Range("B4").Columns.Hidden = True
    Worksheets("売上").Range("A5:G20").Copy
    Worksheets("請求書").Range("A10") _
            .PasteSpecial Paste:=xlPasteValues
    Worksheets("売上").Range("B4").Columns.Hidden = False
    Worksheets("売上").Range("A4").AutoFilter
End Sub
```

追加して動作確認すれば、前節と同様に請求書が作成されます。そして、ワークシート「売上」は本節で追加した【処理手順7】の命令文によって、フィルターが自動で解除されるようになったことが確認できます。

フィルターが自動で解除された

売上

顧客 コマバ商事　請求書作成

日付	顧客	商品ID	商品名	単価	数量	小計
2018/1/24	中西不動産	B002	無線LAN子機	¥2,000	4	¥8,000
2018/1/24	デンキのヨネヤ	C001	光学マウス	¥680	2	¥1,360
2018/1/25	横関工務店	A002	USBメモリ32GB	¥1,200	1	¥1,200
2018/1/25	コマバ商事	A003	SDカード64GB	¥2,800	5	¥14,000
2018/1/25	コマバ商事	A001	SDカード32GB	¥1,500	2	¥3,000
2018/1/26	中西不動産	B001	LANケーブル	¥800	3	¥2,400
2018/1/26	TSUWAGG	C002	ワイヤレスマウス	¥3,000	1	¥3,000
2018/1/26	TSUWAGG	A001	SDカード32GB	¥1,500	4	¥6,000
2018/1/27	中西不動産	B002	無線LAN子機	¥2,000	2	¥4,000
2018/1/27	中西不動産	A001	SDカード32GB	¥1,500	3	¥4,500
2018/1/28	コマバ商事	B003	無線LANルータ	¥13,000	2	¥26,000
2018/1/28	コマバ商事	B002	無線LAN子機	¥2,000	5	¥10,000
2018/1/28	デンキのヨネヤ	A003	SDカード64GB	¥2,800	2	¥5,600
2018/1/29	TSUWAGG	A001	SDカード32GB	¥1,500	1	¥1,500
2018/1/30	横関工務店	A004	USBメモリ64GB	¥3,000	3	¥9,000
2018/1/30	コマバ商事	C002	ワイヤレスマウス	¥3,000	1	¥3,000

売上　商品　請求書

動作確認できたら、ワークシート「請求書」の宛名と表のデータを Delete キーなどで削除し、元の状態に戻しておいてください。さらには、ワークシート「売上」のD2セルに入力する顧客を変えて動作確認してみましょう。その際は実行後に毎回必ず元の状態に戻してください。

これで【処理手順1】から【処理手順7】まで、必要な処理の命令文をすべて書けました。D2セルに入力した顧客の請求書を自動で作成するマクロを作ることができました。

Chapter 08

作成したプログラムのまとめ

完成までの流れを振り返る

完成したマクロのプログラムを右図の通り整理しました。Subプロシージャ「請求書作成」の中には、Chapter04の03にて事前に考えた【処理手順1】～【処理手順7】にそれぞれ該当する命令文が漏れなく、適切な順で並べて記述されています。それらの命令文はVBAに用意されている限られた種類の命令文であり、その組み合わせによって目的の機能を作っています。

おのおのの命令文は、セルのオブジェクトならRangeなど、VBAの文法・ルールで決められた書式（使う語句や形式）に従って記述しています。そして、段階的に作り上げるノウハウに従い、命令文を1つ記述する度に動作確認しつつ、プログラムを書いていきました。また、もう1つのノウハウとして、初めて使うオブジェクトなどは、練習用Subプロシージャで練習してから本番に使いました。

このように処理手順を考えるところから完成までの大きな流れをザッと振り返りつつ、本書でこれまで解説したVBAのプログラミングのツボやコツをおさらいしておきましょう。

処理手順と命令文の対応

処理手順

【処理手順1】宛名を入力

【処理手順2】フィルターで目的の顧客のデータを抽出

【処理手順3】B列「顧客」を非表示する

【処理手順4】売上データをコピー

【処理手順5】請求書に値のみ貼り付け

【処理手順6】非表示にした列を再び表示

【処理手順7】フィルターを解除

Subプロシージャ「請求書作成」

```
処理手順1 Worksheets("請求書").Range("A3").Value = _
            Worksheets("売上").Range("D2").Value
処理手順2 Worksheets("売上").Range("A4").AutoFilter Field:=2, _
            Criteria1:=Worksheets("売上").Range("D2").Value
処理手順3 Worksheets("売上").Range("B4").Columns.Hidden= True
処理手順4 Worksheets("売上").Range("A5:G20").Copy
処理手順5 Worksheets("請求書").Range("A10") _
            .PasteSpecialPaste:=xlPasteValues
処理手順6 Worksheets("売上").Range("B4").Columns.Hidden= False
処理手順7 Worksheets("売上").Range("A4").AutoFilter
```

空の行でコード全体を見やすくする

Chapter05の12（106ページ）では、コード全体を見やすくするための手段のひとつとして、インデントを紹介しました。他の手段に「空の行」もあります。命令文がいくつも並ぶコードにて、処理の区切りのよいところに空の行を入れるという手段です。

たとえばSubプロシージャ「請求書作成」なら、宛名を入力する命令文と、売上データを転記する命令文の間に空の行を入れます。さらには列を再表示する命令文の前に入れてもよいでしょう。すると、どこからでどこまでが売上データを転記する処理なのか、よりわかりやすくなります。

今後読者のみなさんが自分でプログラムを書く際も、空の行を適宜入れましょう。加えてコメント（155ページ）も入れれば、さらにわかりやすくなります。

空の行を入れた例

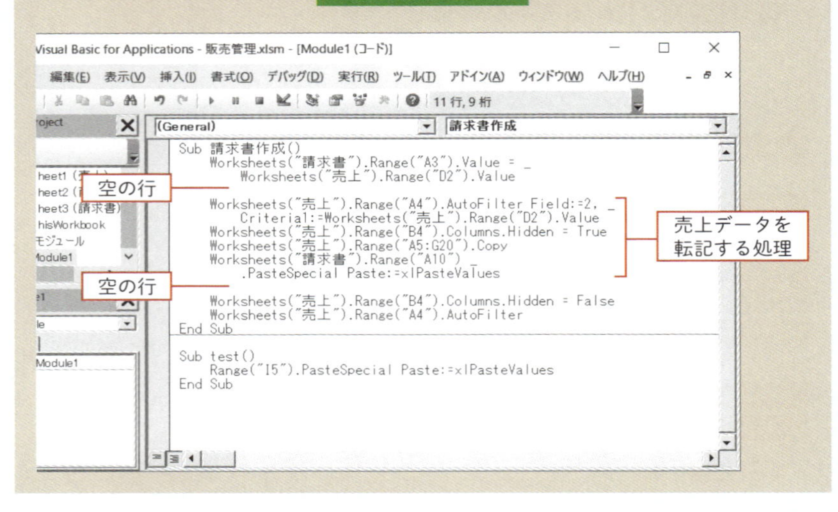

「マクロの記録」じゃ作れないの？

ここまでに本書サンプル「販売管理.xlsm」として、請求書を自動作成するマクロとして、Subプロシージャ「請求書作成」を作成しました。もし、同じ機能のマクロを「マクロの記録」で作ろうとしたら、どうなるでしょうか？

実際にマクロの記録によって、Chapter04の02で紹介した手作業で請求書作成を作成する操作を記録した場合、次のようなコードが自動で生成されます。顧客は「コマバ商事」で請求書を作成しています。

マクロの記録で生成されたコード

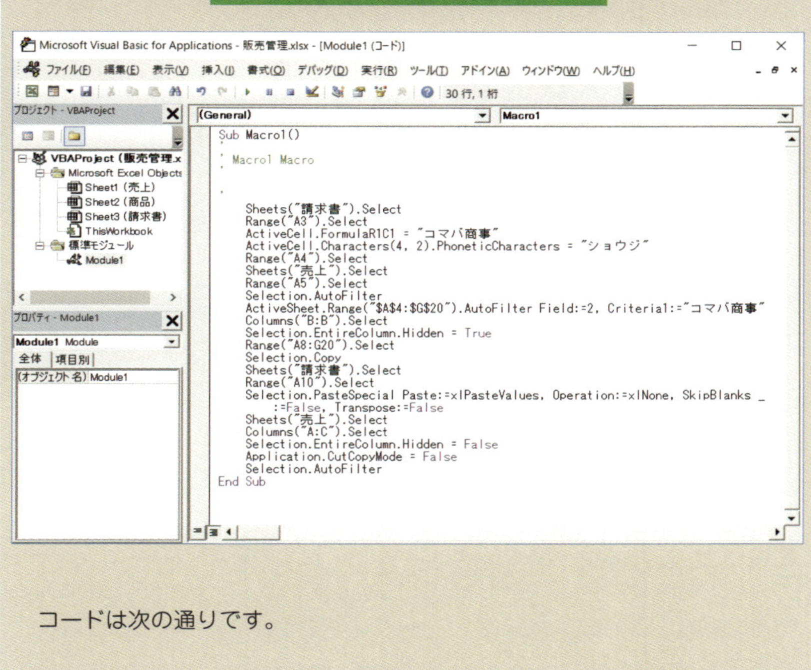


```
Sub Macro1()
'
' Macro1 Macro
'

'
    Sheets("請求書").Select
    Range("A3").Select
    ActiveCell.FormulaR1C1 = "コマバ商事"
    ActiveCell.Characters(4, 2).PhoneticCharacters = "ショウジ"
    Range("A4").Select
    Sheets("売上").Select
    Range("A5").Select
    Selection.AutoFilter
    ActiveSheet.Range("$A$4:$G$20").AutoFilter Field:=2, Criteria1:="コマバ商事"
    Columns("B:B").Select
    Selection.EntireColumn.Hidden = True
    Range("A8:G20").Select
    Selection.Copy
    Sheets("請求書").Select
    Range("A10").Select
    Selection.PasteSpecial Paste:=xlPasteValues, Operation:=xlNone, SkipBlanks _
        :=False, Transpose:=False
    Sheets("売上").Select
    Columns("A:C").Select
    Selection.EntireColumn.Hidden = False
    Application.CutCopyMode = False
    Selection.AutoFilter
End Sub
```

コードは次の通りです。

```
Sub Macro1()
'
' Macro1 Macro
'
```

```
'
    Sheets("請求書").Select
    Range("A3").Select
    ActiveCell.FormulaR1C1 = "コマバ商事"
    ActiveCell.Characters(4, 2).PhoneticCharacters = "ショウジ"
    Range("A4").Select
    Sheets("売上").Select
    Range("A5").Select
    Selection.AutoFilter
    ActiveSheet.Range("$A$4:$G$20").AutoFilter Field:=2, Criteria1:="コマバ商事"
    Columns("B:B").Select
    Selection.EntireColumn.Hidden = True
    Range("A8:G20").Select
    Selection.Copy
    Sheets("請求書").Select
    Range("A10").Select
    Selection.PasteSpecial Paste:=xlPasteValues, Operation:=xlNone, SkipBlanks _
        :=False, Transpose:=False
    Sheets("売上").Select
    Columns("A:C").Select
    Selection.EntireColumn.Hidden = False
    Application.CutCopyMode = False
    Selection.AutoFilter
End Sub
```

Subプロシージャ名は「Macro1」です。最初はコメントが4行ぶんあり、実際の処理は「Sheets("請求書").Select」からです。

よく見ると、AutoFilterメソッドでの抽出、Copyメソッドでのコピー、PasteSpecialメソッドでの値のみ貼り付け、Hiddenプロパティで列の非表示／再表示を行っている命令文のコードが見られます。

注目していただきたいのは、AutoFilterメソッドで抽出している命令文です。

```
ActiveSheet.Range("$A$4:$G$20").AutoFilter Field:=2, Criteria1:="コマバ商事"
```

引数Criteria1には、顧客「コマバ商事」の文字列が直接指定されています(「ActiveSheet」は現在表示中のワークシートのオブジェクトです)。これでは実行しても毎回、「コマバ商事」の請求書が作成されてしまい、他の顧客の請求書を作成できません。

本来はワークシート「売上」のD2セルに入っている顧客を指定したいのでした。しかし、マクロの記録では、フィルターのドロップダウンで［コマバ商事］にチェックを入れた操作（Chapter 04の02の【操作3】）がそのままコード化されるため、上記のようなコードとなりました。このようにマクロの記録では作れない機能があるのです。

また、「～.Select」というコードの命令文が多数ありますが、これはワークシートやセルを選択する操作のメソッドです。いちいち選択する命令文はなくても請求書は作成できるのですが、選択する操作が記録され、そのコードが生成されてしまいました。もし、自分でプログラムを書けば、親子関係のオブジェクトを使って、いちいち選択する命令文を書かずに済むため、より効率的なコードを書けます。その上、選択する処理がいくつもあると、実はマクロの実行速度が遅くなってしまいますが、自分で書けばそのような事態は避けられます。

このようにマクロの記録では、実現できない機能があったり、非効率的で実行速度が遅いコードになったりしてしまいます。

もっとも、マクロの記録は悪いことだらけではありません。マクロの記録で作れるようなちょっとした操作なら、VBAのプログラミングが一切できない人でも手軽に自動化できます。

また、VBAのプログラミングができる人でも、オブジェクトなどの調査に重宝します。自動化したい操作があるものの、どのオブジェクトやプロパティやメソッドを使えばよいかわからず、本やWebで調べても見つからなかった際、マクロの記録でその操作を記録し、自動生成されたコードを見れば、どのオブジェクトなどを使えばよいかがわかります。

他にも、マクロの記録を利用して、ベースとなるプログラムを自動生成しておき、そのコードを加筆修正することで、目的のマクロを作ることにも役立ちます。たとえば請求書作成するマクロなら、上記のSubプロシージャ「Macro1」のように、マクロの記録でベースとなるプログラムを生成し、AutoFilterメソッドの引数Criteria1に指定する値を、顧客の文字列からワークシート「売上」のD2セルの値に修正します。これで、D2セルの顧客の請求書を作成するマクロが作れます。ただし、Selectメソッドでいちいち選択するために実行速度が遅くなるという先述の問題は残ったままになるので、コードを改善した方がよいでしょう。

誤りを自力で見つけて修正するツボとコツ

Chapter 09

一番やっかいなのはこの誤り

処理手順の誤りである「論理エラー」

VBAのプログラムの誤りには、コンパイルエラーと実行時エラー（Chapter05の13～14、108～111ページ）に加え、専門用語で「**論理エラー**」と呼ばれるものもあります。意図した実行結果が得られないエラーです。たとえば、本書サンプルの請求書を自動作成するマクロなら、宛名の転記場所のズレなどです。

論理エラーの原因は処理手順の誤りです。文法・ルールは正しいのですが、処理手順が不適切なため、実行結果も不適切になってしまうのです。たとえば、宛名の転記場所のズレなら、原因は「転記先に指定したセル番地が不適切だった」などです。

誤りの箇所の発見と修正は、論理エラーが頭抜けてやっかいです。コンパイルエラーと実行時エラーは実行すると途中で止まり、誤っている箇所をVBEが提示してくれます。修正は文法・ルールに従うだけです。一方、論理エラーは途中で止まらず、誤りの箇所は提示されないため、自分で探さなければなりません。修正についても、正しい処理手順を自分で考え直さなければなりません。

これらは初心者にとって非常にハードルが高いことなのです。論理エラーを発見できない、もしくは発見できても修正できないため、途中で完成をあきらめてしまう初心者は枚挙にいとまがありません。

論理エラーの例

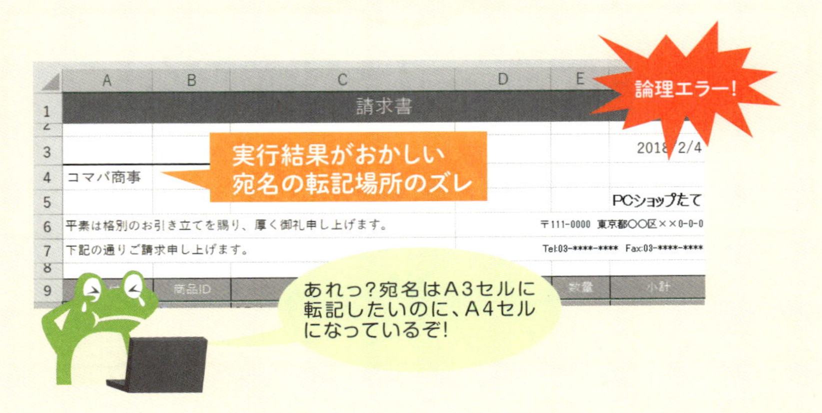
論理エラー!
請求書
2018/2/4
実行結果がおかしい
宛名の転記場所のズレ
コマバ商事
PCショップたて
平素は格別のお引き立てを賜り、厚く御礼申し上げます。
〒111-0000 東京都○○区××0-0-0
下記の通りご請求申し上げます。
Tel:03-****-**** Fax:03-****-****
商品ID
数量
小計
あれっ?宛名はA3セルに
転記したいのに、A4セル
になっているぞ!

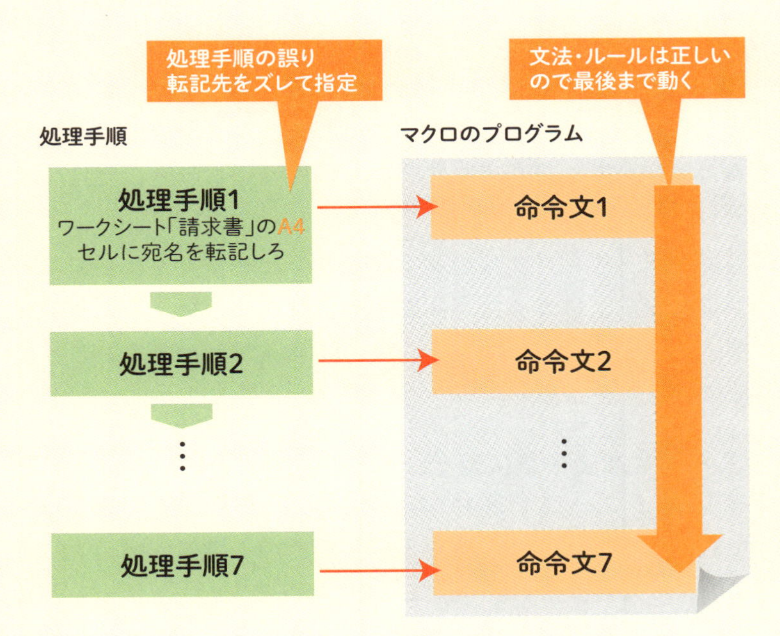
処理手順の誤り
転記先をズレて指定
文法・ルールは正しい
ので最後まで動く
処理手順
マクロのプログラム
処理手順1
ワークシート「請求書」のA4
セルに宛名を転記しろ
命令文1
処理手順2
命令文2
処理手順7
命令文7

どこが誤っていて、どう修正すればいいんだ?
見本があれば見比べれば済むけど、見本がないオ
リジナルのプログラムだと、自力で探して修正し
なきゃ・・・こりゃ難しいなぁ

Chapter 09

論理エラーは段階的に作り上げるノウハウで探す！

誤りを自力で探すコツ

前章までにSubプロシージャ「請求書作成」を、段階的に作り上げるノウハウに沿って作成しました。同ノウハウを用いるのはそもそも、Chapter03の06（56ページ）で学んだ通り、見本がないオリジナルのプログラムがうまく動かなかった際、誤りを自力で発見しやすくするためでした。誤りのなかでも、特に論理エラーの発見に威力を発揮します。

前章までは常に誤りがないプログラムを記述してきたので、同ノウハウのメリットはまったく実感できませんでした。そこで本節では、同ノウハウを使う/使わないで、誤りの発見しやすさがどれだけ変わるのかを解説します。

すべての命令文を一気に書くと…

まずは同ノウハウを使わないケースを想定してみましょう。Chapter04の03（76ページ）の【処理手順1】～【処理手順7】まで、すべての命令文のコードを一気に、次のように書いたと仮定します。

```
Sub 請求書作成()
    Worksheets("請求書").Range("A3").Value = _
        Worksheets("売上").Range("D2").Value
    Worksheets("売上").Range("A4").AutoFilter Field:=2, _
```

```
        Criteria1:=Worksheets("売上").Range("D2").Value
    Worksheets("売上").Range("B4").Columns.Hidden = True
    Worksheets("売上").Range("B5:G20").Copy
    Worksheets("請求書").Range("A10") _
    .PasteSpecial Paste:=xlPasteValues
    Worksheets("売上").Range("B4").Columns.Hidden = False
    Worksheets("売上").Range("A4").AutoFilter
End Sub
```

実はこのコードの中には、ちょっとした勘違いによって、論理エラーが1箇所含まれています。実際に動作確認すると、次の画面ような結果になります。請求書の表の売上データが、表のA列「日付」に商品コードが転記されるなど全体的に左1列ずれており、なおかつ、日付は転記すらされていません。

ずれて転記される論理エラー

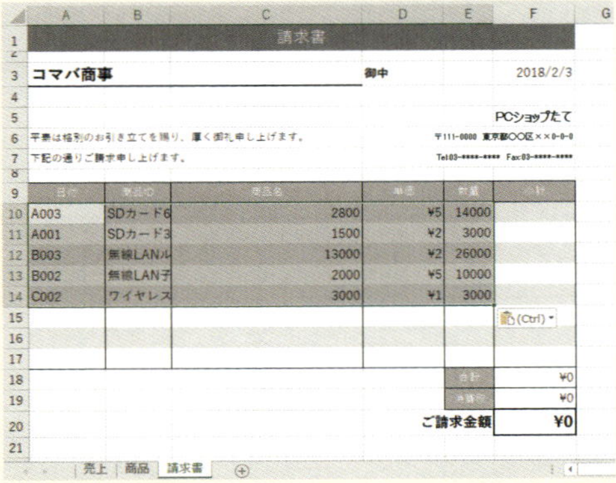

請求書

コマバ商事　御中　2018/2/3

PCショップたて

平素は格別のお引き立てを賜り、厚く御礼申し上げます。　〒111-0000 東京都〇〇区××0-0-0

下記の通りご請求申し上げます。　Tel:03-****-**** Fax:03-****-****

日付	商品ID	商品名	単価	数量	小計
A003	SDカード6	2800	¥5	14000	
A001	SDカード3	1500	¥2	3000	
B003	無線LANル	13000	¥2	26000	
B002	無線LAN子	2000	¥5	10000	
C002	ワイヤレス	3000	¥1	3000	

合計 ¥0

消費税 ¥0

ご請求金額 ¥0

売上　商品　請求書

コンパイルエラーも実行時エラーも発生せず、プログラムは最後まで動いたものの、意図した実行結果が得られていません。まさに論理エラーです。上記のコードを見ても、どこが誤っているのか、初心者にはなかなかわからないものです。

論理エラーの箇所はこう洗い出す

今度は同ノウハウを使ったケースを想定します。書いたコードは同じですが、Chapter06から順次行ってきたように、命令文を1つ記述したら、その都度動作確認を行っていったとします。

すると、【処理手順4】の「売上データをコピー」の命令文の時点で、Chapter08の06（186ページ）と同様に動作確認したところ、おかしいことに気づきます。実行直後のワークシート「売上」を見ると、次の画面のように、コピーされたセル範囲（点線で囲まれた範囲）に、A列の日付が含まれていません。

【処理手順4】の命令文として記述したコード

```
Worksheets("売上").Range("B5:G20").Copy
```

A列「日付」がコピーされていない！

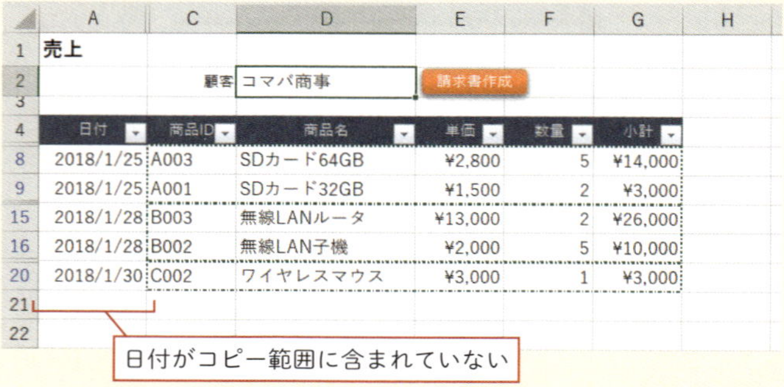

	A	C	D	E	F	G	H
1	売上						
2		顧客	コマパ商事	請求書作成			
3							
4	日付	商品ID	商品名	単価	数量	小計	
8	2018/1/25	A003	SDカード64GB	¥2,800	5	¥14,000	
9	2018/1/25	A001	SDカード32GB	¥1,500	2	¥3,000	
15	2018/1/28	B003	無線LANルータ	¥13,000	2	¥26,000	
16	2018/1/28	B002	無線LAN子機	¥2,000	5	¥10,000	
20	2018/1/30	C002	ワイヤレスマウス	¥3,000	1	¥3,000	
21							
22							

日付がコピー範囲に含まれていない

この時点で処理手順がおかしいことがわかりました。本来は売上データの表のA列からG列までをコピーしたいのに、B列からG列までしかコピーされておらず、A列が含まれていませんでした。

念のため、貼り付けた結果も確認してみましょう。Chapter08の06と同じく、ワークシート「請求書」に切り替え、A10セルを選択した状態で、手動で［形式を選択して貼り付け］→［値］を実行すると、次の画面のように左に1列ずれた状態で貼り付けられます。

手動で値のみ貼り付けて確認

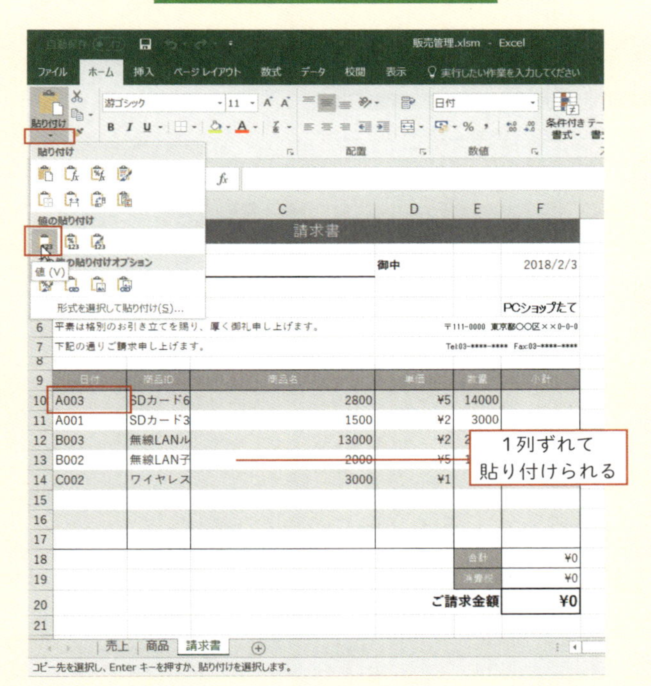

さらには念のため、ワークシート「売上」に戻り、H22セル以降に手動で貼り付けると、このように日付がないデータが貼り付けられます。

別の場所に貼り付けて再確認

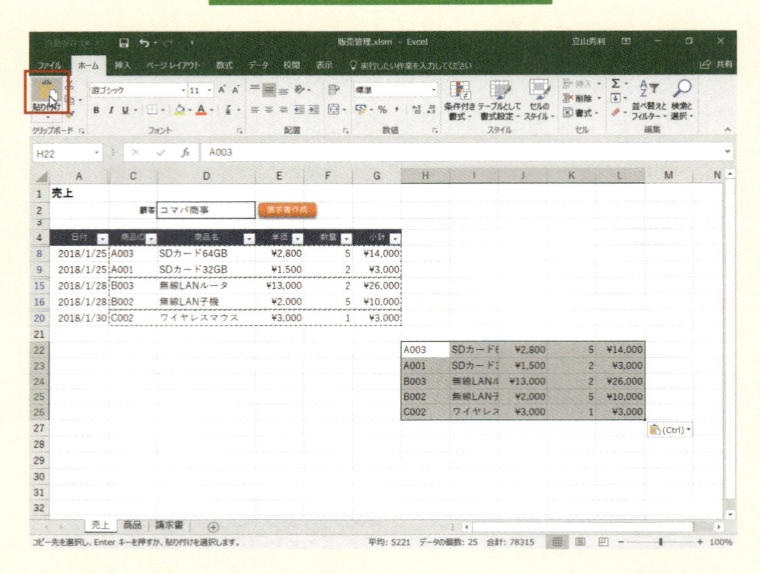

なお、H22セル以降に貼り付けたのは、G20セルよりも前の行/列のセル以降に貼り付けると、フィルター機能によっていくつかの行が隠れており、かつ、B列も非表示にしている関係で、貼り付け結果を漏れなく確認できなくなるからです。

これで【処理手順4】の命令文に、何かしらの論理エラーが含まれていることがわかりました。動作確認の結果、A列が抜けていることがわかっています。そのため、どうやらセル範囲の指定がおかしそうです。それをヒントに、コードをよく見直してみると……Rangeのカッコ内に指定しているセル範囲が、「B5:G20」となっていることに気づきます。セル範囲の始点セルがA5セルではなく、B5セルになっています。

```
Worksheets("売上").Range("B5:G20").Copy
```

処理手順としては本来、A5～G20セルのセル範囲をコピーしたかったのに、誤ってA列が抜けた状態でB5～G20をコピーする命令文となっていたのです。処理手順を考えるまでは正しかったのですが、コードに落とし込む際にタイプミスや勘違いなどで誤ってしまい、B5～G20セルをコピーするコードを記述してしまったのでした。

これで、どの命令文のどこがどう誤っているのかがわかりました。あとはセル範囲の始点セルが誤ったB5セルから、正しいA5セルになるよう、コードを修正すればOKです。

修正前

```
Worksheets("売上").Range("B5:G20").Copy
```

修正後

```
Worksheets("売上").Range("A5:G20").Copy
```

これで論理エラーの箇所を発見し、修正できました。動作確認すると、意図通りA5～G20セルがコピーされることが確認できます。

このように、段階的に作り上げるノウハウを使えば、Chapter03の06で学んだように、誤りを探すべき範囲を最後に記述した命令文の1つだけに絞り込むことができるので、初心者でも論理エラーの箇所を発見しやすくなるのです。もし先述の通り、同ノウハウを使わず、【処理手順7】まですべてのコードを書き終えた状態なら、すべてのコードが誤りを探すべき範囲となり、発見は難しいでしょう。

同ノウハウのメリットはおわかりいただけたでしょうか？　余裕があれば、お手元のプログラムで実際に「A5:G20」を「B5:G20」に変更し、わざと誤った状態にして疑似体験してみると、メリットをより実感できるでしょう。

その際、【処理手順5】(PasteSpecialメソッドのコード)以降の命令文は、まだ記述していない状態にする必要があります。削除しておき、入力し直してもよいのですが、コメント化（155ページ）して一時的に無効化しておくと、入力し直す手間が省けます。

コメント化で一時的に無効化

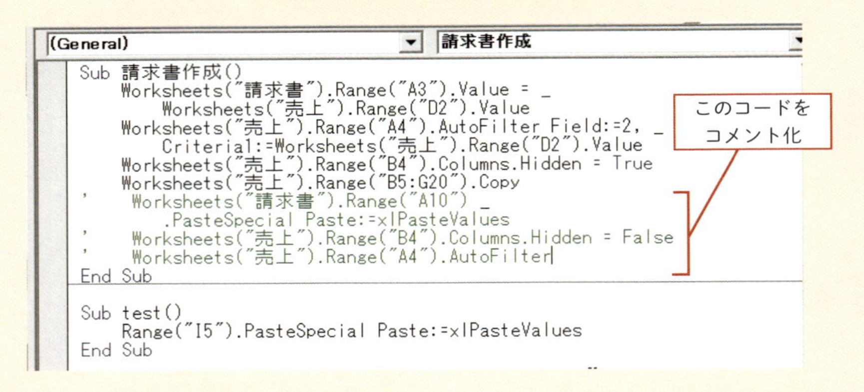

なお、コメント化による無効化は、専門用語で「コメントアウト」と呼ばれます。また、VBEには複数行のコードをまとめてコメント化したり、コメント化を解除したりできます。その方法はChapter09の04末のコラムで紹介します。

一見わからない誤りでも見つけやすくなる

論理エラーのケースをもうひとつ紹介します。先ほどよりも少々難しいケースです。まずは段階的に作り上げるノウハウを使わず、次のようにコードを一気に書いたと仮定します。論理エラーが一箇所含まれています。

```
Sub 請求書作成()
    Worksheets("請求書").Range("A3").Value = _
        Worksheets("売上").Range("D2").Value
    Worksheets("売上").Range("A4").AutoFilter Field:=2, _
        Criteria1:=Worksheets("売上").Range("D3").Value
    Worksheets("売上").Range("B4").Columns.Hidden = True
    Worksheets("売上").Range("A5:G20").Copy
    Worksheets("請求書").Range("A10") _
    .PasteSpecial Paste:=xlPasteValues
    Worksheets("売上").Range("B4").Columns.Hidden = False
    Worksheets("売上").Range("A4").AutoFilter
End Sub
```

動作確認すると、次の画面のような結果になります。請求書の表への転記がおかしいことがひとめでわかります。

転記がおかしい論理エラー

	A	B	C	D	E	F	G
1	請求書						
2							
3				御中		2018/2/3	
4							
5						PCショップたて	
6	平素は格別のお引き立てを賜り、厚く御礼申し上げます。					〒111-0000 東京都○○区××0-0-0	
7	下記の通りご請求申し上げます。					Tel:03-****-**** Fax:03-****-****	
8							
9	日付	商品ID	商品名	単価	数量	小計	
10	2018/1/24	中西不動産	B002	無線LAN子機	2000	¥4	8000
11	2018/1/24	デンキのヨ	C001	光学マウス	680	¥2	1360
12	2018/1/25	横関工務店	A002	USBメモリ32	1200	¥1	1200
13	2018/1/25	コマパ商事	A003	SDカード64G	2800	¥5	14000
14	2018/1/25	コマパ商事	A001	SDカード32G	1500	¥2	3000
15	2018/1/26	中西不動産	B001	LANケーブル	800	¥3	2400
16	2018/1/26	TSUWAGG	C002	ワイヤレスマ	3000	¥1	3000
17	2018/1/26	TSUWAGG	A001	SDカード32G	1500	¥4	6000
18	43127	中西不動産	B002	無線LAN子機	2000	¥2	4000
19	43127	中西不動産	A001	SDカード32G	1500	¥3	4500
20	43128	コマパ商事	B003	無線LANルー	13000	¥2	26000
21	43128	コマパ商事	B002	無線LAN子機	2000	5	10000
22	43128	デンキのヨ	A003	SDカード64G	2800	2	5600
23	43129	TSUWAGG	A001	SDカード32G	1500	1	1500
24	43130	横関工務店	A004	USBメモリ64	3000	3	9000
25	43130	コマパ商事	C002	ワイヤレスマ	3000	1	3000

売上 | 商品 | 請求書

先ほどのケースでは動作確認の結果が、請求書の表が1列左にずれており、かつ、日付が欠けていることから、カンの良い人ならコピー範囲が誤っていそうだと気づくかもしれません。しかし、このケースのように実行結果がこれだけおかしいと、どこがどう誤っているのか、皆目見当がつかないでしょう。

このケースでも同ノウハウを用いれば、誤りをすぐに見つけられます。命令文を1つ書く度に動作確認していけば、【処理手順2】の「フィルターで目的の顧客のデータを抽出」にて、このような実行結果となることが判明します。

抽出の結果が意図通りでない

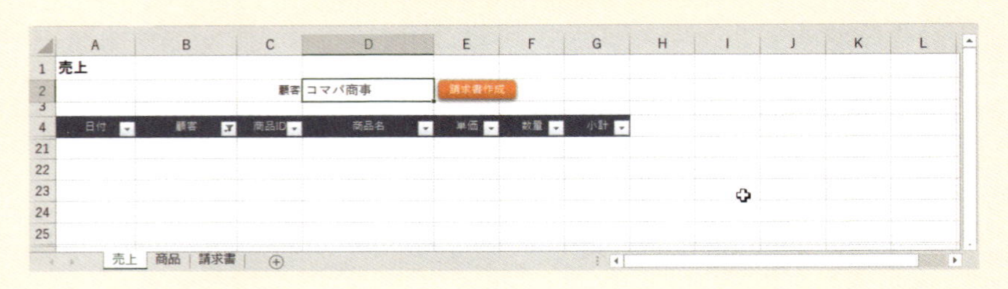

ご覧のとおり、フィルターがオンになっていても、D2セルの顧客でのデータ抽出がまったくできていません。

したがって、AutoFilterメソッドの命令文がおかしいことがわかります。そこで、コードを見直してみると、引数はCriteria1に本来D2セルの値を指定したいのに、誤ってD3セルになっていることがわかります。

```
Worksheets("売上").Range("A4").AutoFilter Field:=2, _
        Criteria1:=Worksheets("売上").Range("D3").Value
```

あとはD3セルをD2セルに修正すればよいだけです。このように一見どこがどう誤っているのか、まるで見当がつかない論理エラーでも、同ノウハウを使えば誤りをすぐに見つけ出せます。

なお、227ページの画面のような実行結果になった理由は、Copyメソッドのクセのようなものです。228ページの画面をよく見ると、5～20行目がフィルターによって非表示になっています。この状態でA5～G20セルをコピーすると、Copyメソッドのクセで、フィルターによって非表示になっているすべてのセル範囲をコピーしてしまいます。そして請求書の貼り付けたため、227ページの画面のような結果になったのです。

論理エラーには2パターンある

本節に登場した論理エラーの2つのケースはいずれも、考えた処理手順は正しかったのですが、記述したコードがその処理手順とは食い違っていたというパターンの誤りでした。他には、考えた処理手順そのものが誤っているパターンもあります。前節で「論理エラーの原因は処理手順の誤り」と解説しましたが、大別してこの2パターンがあります。

読者のみなさんが論理エラーの箇所を発見した際は、まずは考えた処理手順と、記述したコードが食い違っていないかを確認してください。食い違いがあれば、コードを修正します。食い違いがなければ、処理手順そのものが誤っていることになるので、正しい処理手順を考え直しましょう。

また、本節で取り上げた論理エラーの例はいずれも、含まれている論理エラーは1箇所のみでした。もし、複数の論理エラーが同時に含まれていたとしたら、同ノウハウを使わないと誤りの箇所の発見が格段に困難になることは、Chapter03の06の最後で解説した通りです。

Chapter 09

請求書を連続作成したらヘンだぞ！

実は論理エラーがあった

前章まで作成したSubプロシージャ「請求書作成」には、実は論理エラーが潜んでいます。既に気づいた読者の方もいるかもしれませんが、確かめてみましょう。

まずは顧客「コマバ商事」をD2セルに入力して［請求書作成］ボタンをクリックして請求書を作成してください。続けて、請求書を元の状態に戻さない（宛名と表のデータを削除しない）まま、ワークシート「売上」に戻り、今度はD2セルの顧客を「デンキのヨネヤ」に変更して請求書を作成してください。

すると、右図のようにおかしな結果になります。ワークシート「売上」の表（A5 ～ G20セル）を見ると、顧客「デンキのヨネヤ」の売上のデータは2件（5行目と17行目）しかないのに、ワークシート「請求書」にある請求書の表（A10 ～ F17セル）には5件もあります。

これはまさに論理エラーです。これまで段階的に作り上げていくなかで、ちゃんと動作確認してきたはずなのに、一体なぜでしょうか？　ザックリ言えば「動作確認が不十分だったため、論理エラーを見逃した」です。論理エラーの原因が何で、動作確認でどう見逃したのか、次節で詳しく解説します。

余分な売上データが転記された!?

顧客「コマバ商事」で請求書を作成

元の状態に戻さず、顧客「デンキのヨネヤ」で請求書を作成

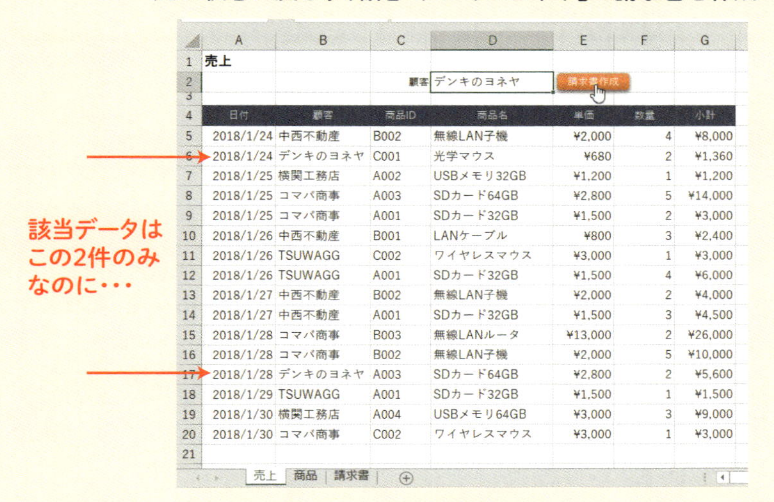

日付	顧客	商品ID	商品名	単価	数量	小計
2018/1/24	中西不動産	B002	無線LAN子機	¥2,000	4	¥8,000
2018/1/24	デンキのヨネヤ	C001	光学マウス	¥680	2	¥1,360
2018/1/25	横関工務店	A002	USBメモリ32GB	¥1,200	1	¥1,200
2018/1/25	コマバ商事	A003	SDカード64GB	¥2,800	5	¥14,000
2018/1/25	コマバ商事	A001	SDカード32GB	¥1,500	2	¥3,000
2018/1/26	中西不動産	B001	LANケーブル	¥800	3	¥2,400
2018/1/26	TSUWAGG	C002	ワイヤレスマウス	¥3,000	1	¥3,000
2018/1/26	TSUWAGG	A001	SDカード32GB	¥1,500	4	¥6,000
2018/1/27	中西不動産	B002	無線LAN子機	¥2,000	2	¥4,000
2018/1/27	中西不動産	A001	SDカード32GB	¥1,500	3	¥4,500
2018/1/28	コマバ商事	B003	無線LANルータ	¥13,000	2	¥26,000
2018/1/28	コマバ商事	B002	無線LAN子機	¥2,000	5	¥10,000
2018/1/28	デンキのヨネヤ	A003	SDカード64GB	¥2,800	2	¥5,600
2018/1/29	TSUWAGG	A001	SDカード32GB	¥1,500	1	¥1,500
2018/1/30	横関工務店	A004	USBメモリ64GB	¥3,000	3	¥9,000
2018/1/30	コマバ商事	C002	ワイヤレスマウス	¥3,000	1	¥3,000

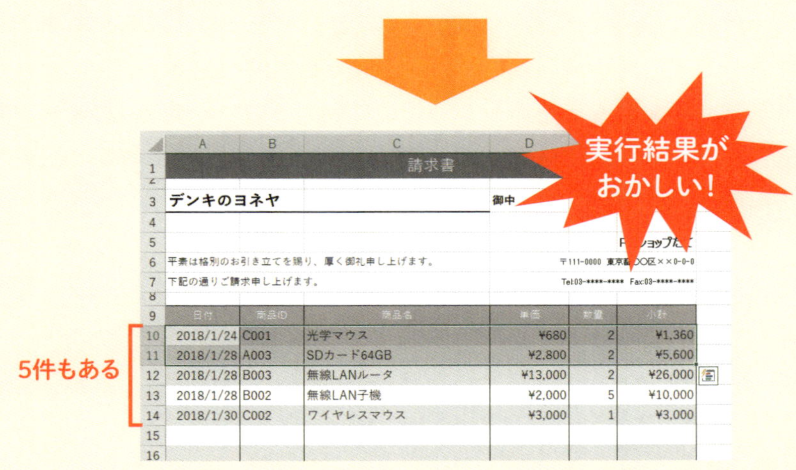

日付	商品ID	商品名	単価	数量	小計
2018/1/24	C001	光学マウス	¥680	2	¥1,360
2018/1/28	A003	SDカード64GB	¥2,800	2	¥5,600
2018/1/28	B003	無線LANルータ	¥13,000	2	¥26,000
2018/1/28	B002	無線LAN子機	¥2,000	5	¥10,000
2018/1/30	C002	ワイヤレスマウス	¥3,000	1	¥3,000

Chapter 09

論理エラーの原因は？どう修正すればいい？

原因は「前のデータが残っていた」

前節で判明した論理エラーの原因は、一言で表すなら前回作成時のデータが売上の表に残っていたことです。加えて、顧客ごとのデータの件数の違いも大きく関係してきます。売上の表を改めて見てみると、顧客「コマバ商事」のデータは5件、顧客「デンキのヨネヤ」は2件であるとわかります。最初に顧客「コマバ商事」で請求書を作成したため、請求書の表には5件のデータがA10 ～ F14セルに転記されます。

その次に顧客「デンキのヨネヤ」で作成すると、2件のデータが転記されます。その際、請求書の表の3行目以降（A12 ～ F14）セルには転記されません。そのセル範囲には顧客「コマバ商事」のデータが既に転記されており、それらが残っていたため、前節のような結果になってしまったのです。

論理エラーの原因

顧客「コマバ商事」で請求書を作成

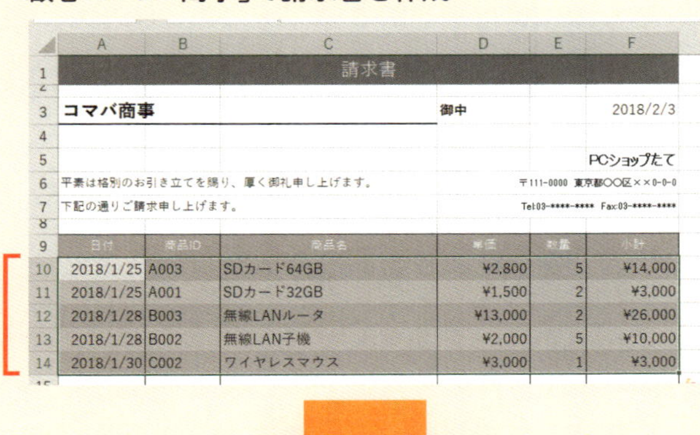

	A	B	C	D	E	F
1	請求書					
3	コマバ商事			御中		2018/2/3
5						PCショップたて
6	平素は格別のお引き立てを賜り、厚く御礼申し上げます。			〒111-0000 東京都〇〇区××0-0-0		
7	下記の通りご請求申し上げます。			Tel:03-****-**** Fax:03-****-****		
9	日付	商品ID	商品名	単価	数量	小計
10	2018/1/25	A003	SDカード64GB	¥2,800	5	¥14,000
11	2018/1/25	A001	SDカード32GB	¥1,500	2	¥3,000
12	2018/1/28	B003	無線LANルータ	¥13,000	2	¥26,000
13	2018/1/28	B002	無線LAN子機	¥2,000	5	¥10,000
14	2018/1/30	C002	ワイヤレスマウス	¥3,000	1	¥3,000

5件転記された

元の状態に戻さず、顧客「デンキのヨネヤ」で請求書を作成

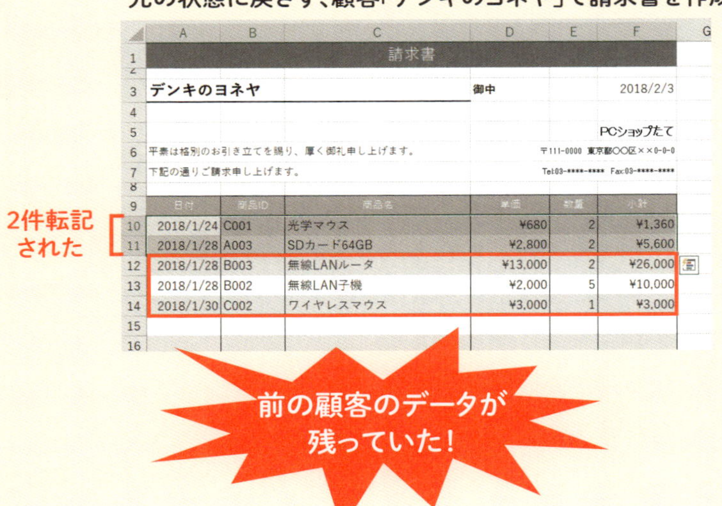

	A	B	C	D	E	F
1	請求書					
3	デンキのヨネヤ			御中		2018/2/3
5						PCショップたて
6	平素は格別のお引き立てを賜り、厚く御礼申し上げます。			〒111-0000 東京都〇〇区××0-0-0		
7	下記の通りご請求申し上げます。			Tel:03-****-**** Fax:03-****-****		
9	日付	商品ID	商品名	単価	数量	小計
10	2018/1/24	C001	光学マウス	¥680	2	¥1,360
11	2018/1/28	A003	SDカード64GB	¥2,800	2	¥5,600
12	2018/1/28	B003	無線LANルータ	¥13,000	2	¥26,000
13	2018/1/28	B002	無線LAN子機	¥2,000	5	¥10,000
14	2018/1/30	C002	ワイヤレスマウス	¥3,000	1	¥3,000
15						
16						

2件転記された
前の顧客のデータが
残っていた!

どう修正すべきか考えよう

この論理エラーの問題を解決するには、どうしたらよいでしょうか？　もちろん、論理エラーを修正せず、これまでの動作確認のように、請求書を作成する度に請求書の表を手作業で元に戻すといった解決策もないことはないのですが、あまりにもメンドウです。ましてや、マクロのプログラムを作った本人ではなく、他の人に使ってもらうのなら非常に不親切です。

そこで、解決策として、請求書の表を自動で元の状態に戻す機能をプログラムに追加しましょう。売上の表のデータを貼り付ける前に、請求書の表（ワークシート「請求書」のA10～F17セル）のデータをすべて削除しておくのです。これで、前回作成時のデータが残らなくなり、論理エラーを解決できるでしょう。

具体的な方法は、Chapter07の02（152ページ）のメソッドの体験で登場したClearContentsメソッドを使うのがもっとも簡単です。データを削除（クリア）したいのは請求書の表であり、セル範囲はワークシート「請求書」のA10～F17セルです。そのセル範囲に対して、ClearContentsメソッドでデータを削除する命令文は以下の通りです。

```
Worksheets("請求書").Range("A10:F17").ClearContents
```

このコードをSubプロシージャ「請求書作成」に追加します。どこに追加すればよいでしょうか？

少なくとも、売上の表にデータを貼り付ける処理（【処理手順5】のPasteSpecialメソッドのコード）の前に、上記のコードを追加する必要があります。もし、【処理手順5】の後に追加すると、データを貼り付けた後にすぐ削除することになり、意図通り転記できなくなってしまいます。

ClearContentsメソッドのクセに注意

そして、ここからは初心者には非常に難しいのですが、ClearContentsメソッドはクセとして、実行するとクリップボードに内容まで削除してしまいます。そのため、少なくともクリップボードにコピーする処理（【処理手順4】のCopyメソッドのコード）より前に、上記のコードを追加する必要もあります。【処理手順4】の後に追加すると、せっかくクリップボードにコピーした売上のデータまで削除されてしまいます。

今回は追加場所を【処理手順4】の命令文の直前とします。では、追加してください。

追加前

```
Sub 請求書作成()
    Worksheets("請求書").Range("A3").Value = _
        Worksheets("売上").Range("D2").Value
    Worksheets("売上").Range("A4").AutoFilter Field:=2, _
        Criteria1:=Worksheets("売上").Range("D2").Value
    Worksheets("売上").Range("B4").Columns.Hidden = True
    Worksheets("売上").Range("A5:G20").Copy
    Worksheets("請求書").Range("A10") _
        .PasteSpecial Paste:=xlPasteValues
    Worksheets("売上").Range("B4").Columns.Hidden = False
    Worksheets("売上").Range("A4").AutoFilter
End Sub
```

追加後

```
Sub 請求書作成()
    Worksheets("請求書").Range("A3").Value = _
        Worksheets("売上").Range("D2").Value
    Worksheets("売上").Range("A4").AutoFilter Field:=2, _
        Criteria1:=Worksheets("売上").Range("D2").Value
```

```
    Worksheets("売上").Range("B4").Columns.Hidden = True
    Worksheets("請求書").Range("A10:F17").ClearContents
    Worksheets("売上").Range("A5:G20").Copy
    Worksheets("請求書").Range("A10") _
        .PasteSpecial Paste:=xlPasteValues
    Worksheets("売上").Range("B4").Columns.Hidden = False
    Worksheets("売上").Range("A4").AutoFilter
End Sub
```

修正は以上です。さっそく動作確認してみましょう。まずは顧客「コマバ商事」で請求書を作成します。

最初の顧客で請求書を作成

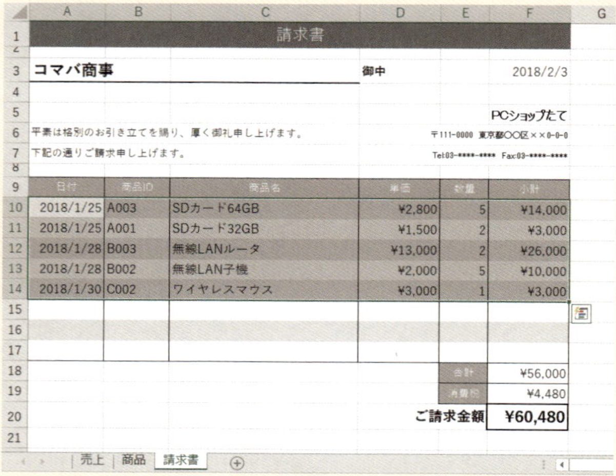

請求書

	A	B	C	D	E	F
3	コマバ商事			御中		2018/2/3
5						PCショップたて
6	平素は格別のお引き立てを賜り、厚く御礼申し上げます。			〒111-0000 東京都〇〇区××0-0-0		
7	下記の通りご請求申し上げます。			Tel:03-****-**** Fax:03-****-****		
9	日付	商品ID	商品名	単価	数量	小計
10	2018/1/25	A003	SDカード64GB	¥2,800	5	¥14,000
11	2018/1/25	A001	SDカード32GB	¥1,500	2	¥3,000
12	2018/1/28	B003	無線LANルータ	¥13,000	2	¥26,000
13	2018/1/28	B002	無線LAN子機	¥2,000	5	¥10,000
14	2018/1/30	C002	ワイヤレスマウス	¥3,000	1	¥3,000
15						
16						
17						
18					合計	¥56,000
19					消費税	¥4,480
20				ご請求金額		¥60,480

売上 | 商品 | 請求書

続けて、顧客「デンキのヨネヤ」で作成します。すると、今度は該当する売上のデータ2件だけが転記され、意図通りに請求書が作成できます。これで前節の論理エラーを修正できました。

次の顧客の請求書を連続作成

売上

顧客　デンキのヨネヤ　［請求書作成］

日付	顧客	商品ID	商品名	単価	数量	小計
2018/1/24	中西不動産	B002	無線LAN子機	¥2,000	4	¥8,000
2018/1/24	デンキのヨネヤ	C001	光学マウス	¥680	2	¥1,360
2018/1/25	横関工務店	A002	USBメモリ32GB	¥1,200	1	¥1,200
2018/1/25	コマバ商事	A003	SDカード64GB	¥2,800	5	¥14,000
2018/1/25	コマバ商事	A001	SDカード32GB	¥1,500	2	¥3,000
2018/1/26	中西不動産	B001	LANケーブル	¥800	3	¥2,400
2018/1/26	TSUWAGG	C002	ワイヤレスマウス	¥3,000	1	¥3,000
2018/1/26	TSUWAGG	A001	SDカード32GB	¥1,500	4	¥6,000
2018/1/27	中西不動産	B002	無線LAN子機	¥2,000	2	¥4,000
2018/1/27	中西不動産	A001	SDカード32GB	¥1,500	3	¥4,500
2018/1/28	コマバ商事	B003	無線LANルータ	¥13,000	2	¥26,000
2018/1/28	コマバ商事	B002	無線LAN子機	¥2,000	5	¥10,000
2018/1/28	デンキのヨネヤ	A003	SDカード64GB	¥2,800	2	¥5,600
2018/1/29	TSUWAGG	A001	SDカード32GB	¥1,500	1	¥1,500
2018/1/30	横関工務店	A004	USBメモリ64GB	¥3,000	3	¥9,000
2018/1/30	コマバ商事	C002	ワイヤレスマウス	¥3,000	1	¥3,000

売上 ｜ 商品 ｜ 請求書

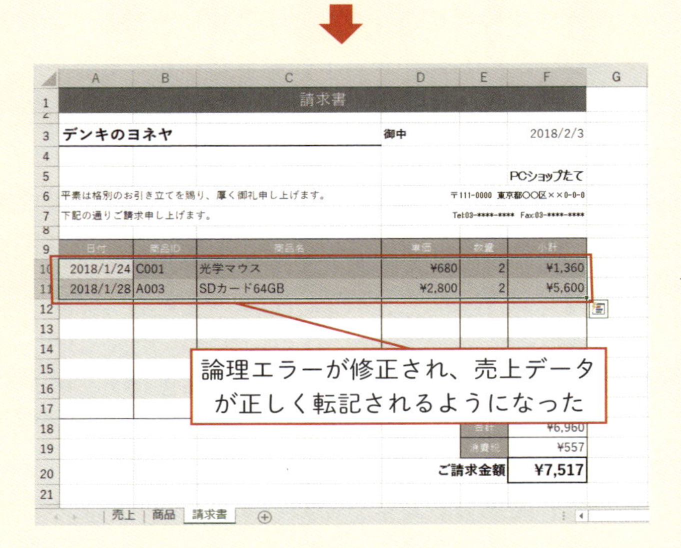

本節で追加した命令文には本来、コメントを残したいところですが、今回は割愛します。この処理が必要な理由、およびClearContentsメソッドはクセのため、Copyメソッドよりも前に記

述する必要があることなどをコメントとして残しておいた方が、後に見直した際にコードを書いた意図を思い出しやすくなるでしょう。

また、ClearContentsメソッドのようにクセのあるオブジェクト/プロパティ/メソッドは他にもいくつかあります。もちろん、すべて把握して暗記する必要がありません。使う必要が生じた時点で、毎回調べていけばよいでしょう。

なお、請求書の宛名であるA3セルの方は、毎回削除しなくても問題ありません。なぜなら、転記されるのは常に1つのセルのみであり、毎回必ず上書きされるからです。

極力モレなく動作確認しよう

本節で修正した論理エラーは、請求書の表を元の状態に戻さないまま次の顧客の請求書を連続して作成し、かつ、転記される売上データが前回作成時の顧客より少ない場合だけ起きます。毎回必ず起こるのではなく、ある条件が揃ったときだけ起こるという、論理エラーのなかでもやっかいな部類です。

このような論理エラーは、初心者はなかなか気づかないものです。先述のような条件で動作確認を行う必要性に気づかず、動作確認からモレてしまいます。それ以前に、さまざまな条件がありえること自体、なかなか考えが及ばないのが現実です。【処理手順1】の宛名の転記といったごく単純な処理だけなら、動作確認の条件も1つしかないので、モレもないものです。ところが、ちょっと処理が複雑になったり、複数の処理が組み合わさったり、扱うデータが増えたりしてくると、条件が増えてきてモレがちになるのです。

こういった動作確認のモレは、初心者はもちろん、ある程度複雑なプログラムになってくると、中級者以上でもよくあることです。まずは可能な範囲で構わないので、どのような動作確認が必要か、条件を事前にリストアップするとよいでしょう。そのような経験を積んでいけば、動作確認のモレを減らしていけるでしょう。

複数行のコードをまとめてコメント化

VBEには、複数行のコードをまとめてコメント化できる機能があります。その機能は「編集」ツールバーから操作するのですが、同ツールバーは標準では非表示なので、あらかじめVBEのメニューバーの［表示］→［ツールバー］→［編集］をクリックしてチェックが入った状態にし、表示しておきます。

コメント化したいコードをドラッグして選択した状態で、「編集」ツールバーの［コメントブロック］をクリックすると、そのコードがまとめてコメント化されます。

ワンクリックでまとめてコメント化

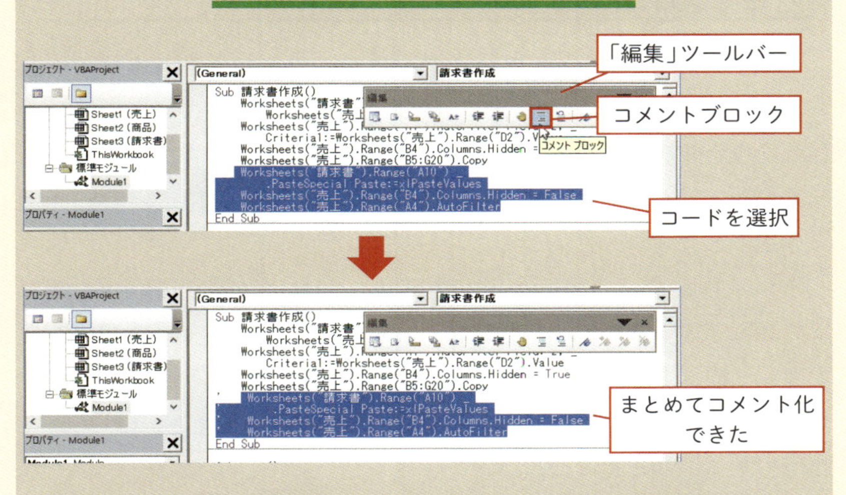

右隣にある［非コメントブロック］をクリックすれば、コメント化をまとめて解除することができます。

Chapter 09

段階的な作成は命令文ごとのPDCAサイクルの積み重ね

命令文ごとにPDCAサイクルを回す

VBAに限らず、プログラミングの作業の流れは、**PDCAサイクル**と言えます。処理手順を考え（**Plan**）、その命令文のコードを記述し（**Do**）、動作確認（**Check**）します。動作確認の結果、意図通りの実行結果が得られたら、この時点でサイクルはおしまいです。次の命令文へ進みます。

もし、意図通りの実行結果が得られなければ、誤りの箇所を探して発見します（**Action**）。そして、誤りの内容に応じて処理手順を考え直し（Planに戻る）、コードを修正して（Do）、動作確認（Check）します。再び意図通りの実行結果が得られなければ、得られるまで同様のサイクルを繰り返します。

段階的に作り上げるノウハウでは、このPDCAサイクルを命令文1つずつ回している点が大きなコツです。1つの命令文のPDCAサイクルを回し終えたら、次の命令文に進みます。1つの命令文ごとの小さなPDCAサイクルを積み重ねていくことで、複数の命令文で構成されるプログラムを段階的に作っていきます。

PDCAサイクルを積み重ねていく

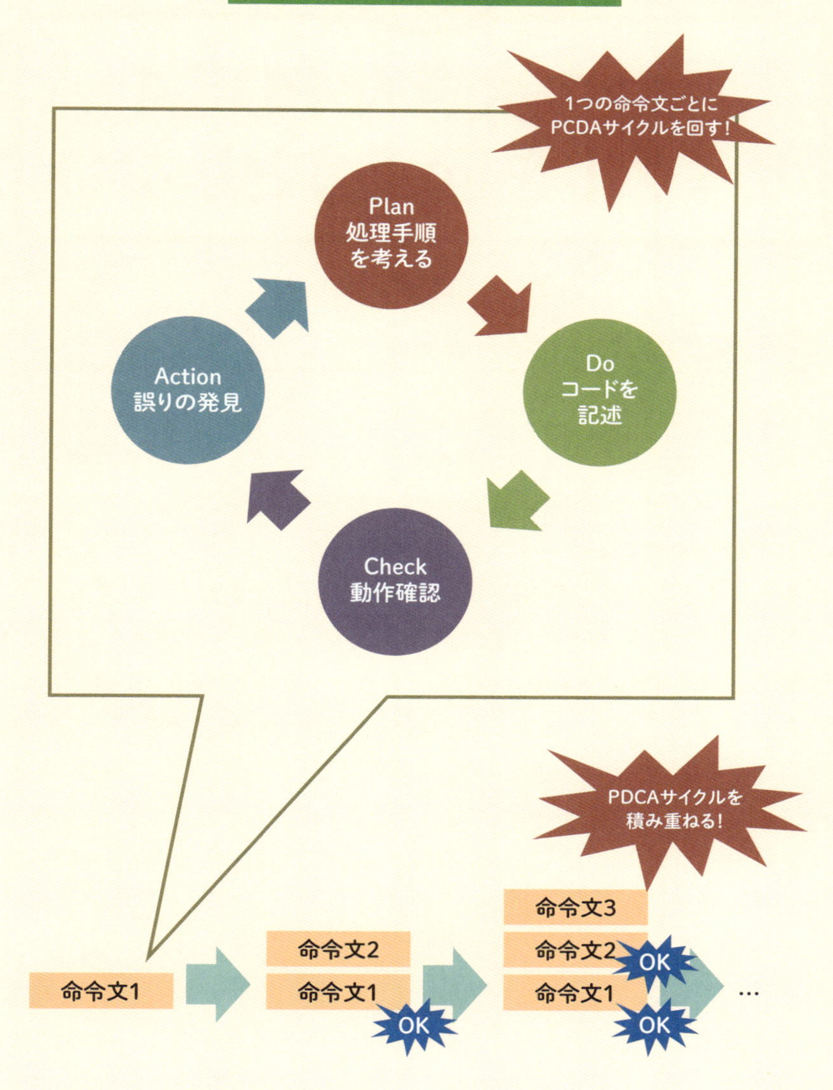

Chapter 09

1つの大きなPDCAサイクルを回そうとしない

こんなPDCAサイクルはダメ!

注意していただきたいのは、「1つの大きなPDCAサイクルを回そうとしない」です。「1つの大きなPDCAサイクル」とは、複数の処理手順をまとめて考え、複数の命令文をすべて一気に書いてから、まとめて動作確認するサイクルになります。

もし、1つの大きなPDCAサイクルを回そうとすると、どうなるでしょう? Checkの動作確認で意図通りの実行結果が得られなかった場合、初心者はChapter03の06(56ページ)で解説した通り、誤りを探す範囲が複数の命令文になるため、誤りを発見できず、Actionのところでサイクルが止まってしまうでしょう。また、たとえ発見できてもうまく修正できず、途中で止まってしまうでしょう。すると、その先に進めず、目的のプログラムを完成させられずに終わってしまいます。

そういった事態に陥らないよう、段階的に作り上げるノウハウに従って、複数の小さなPDCAサイクルを積み重ねることが大切なコツです。小さなPDCAサイクルなら、誤りを探す範囲が1つの命令文だけに限定されるため、初心者でも発見しやすくなり、最後まで回し終えられるでしょう。あとはそれを積み重ねて行けば、目的のプログラムを完成させられるでしょう。

大きなPDCAサイクルだと途中で止まる

複数の命令文で、1つの大きなPDCAサイクルを
いきなり回そうとすると・・・

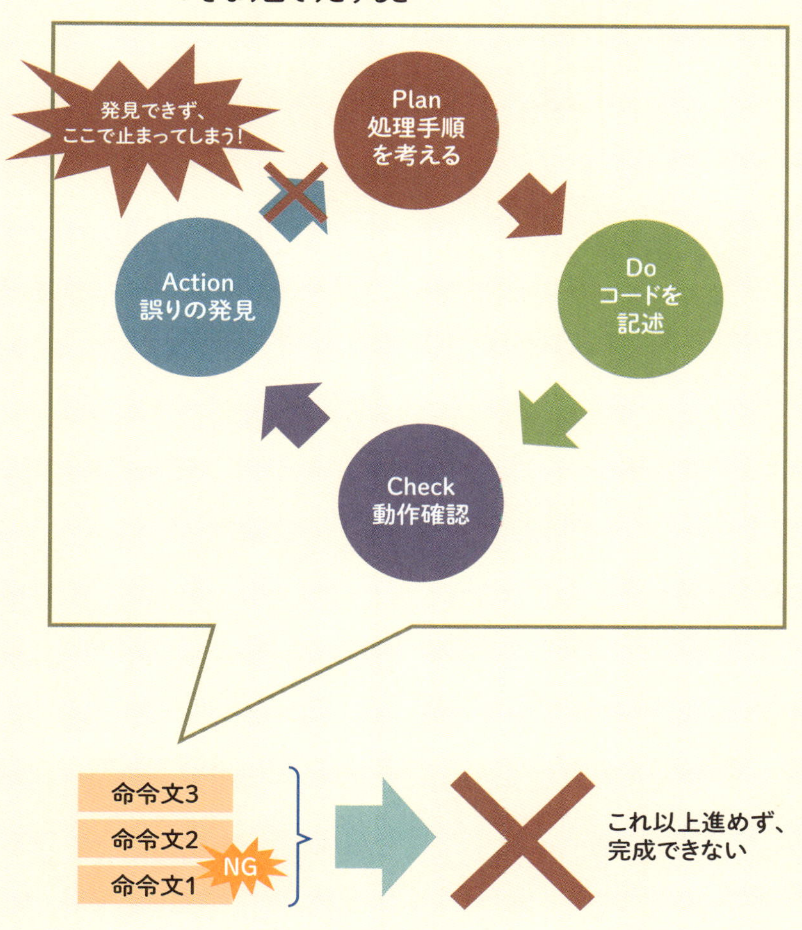

効率よく経験を積もう

初心者が処理手順を考えてコードを書いたり、誤りの発見・修正したりすることを何度も行うのは、最初は誰しもなかなか思い通りに進まず、多くの時間と労力を費やすものです。すんなりできるようになるには、ある程度経験を積む必要があります。

段階的に作り上げるノウハウにもとづいた小さなPDCAサイクルの積み重ねなら、ゆっくりかもしれませんが着実に前へ進めるので、費やした時間と労力のぶん、確実に自分の中に経験が蓄積されていきます。一方、同ノウハウを用いず、大きなPDCAサイクルを回そうとすると、誤りを発見できず長時間悩んでしまい、途中で止まってしまいます。そのため、費やした時間と労力の割には、経験がほとんど蓄積されません。

誤りの発見・修正も含め、見本がないオリジナルのプログラムを自力で完成させられるようになるには、ある程度以上の経験を積む必要があります。VBAを学び始めてすぐに完成させられるようにはなりません。必ず経験を積まなければならないのなら、同ノウハウを有効活用して、効率よく経験を積んでいきましょう。

誤りの発見が格段にラクになる専用機能

段階的に作り上げるノウハウは非常に有効なのですが、プログラムの処理がある程度以上複雑になったり、規模が大きくなったりすると、誤りの発見が難しくなります。その理由は、1つの命令文のコードが長くなり、チェックすべき要素が多く含まれるようになったり、前後の命令文と影響し合う度合いが増えたりするなどです。

また、誤りの箇所を発見した後も、正しい修正のコードを一発で考え出して書けることは少なくなります。修正したつもりのコードのどこがどう誤っているのか、再び探して修正する作業を繰り返すことになり、初心者にはハードルがグッと上がります。

このようにプログラムのレベルが上がってくると、段階的に作り上げるノウハウだけでは限界を迎えてしまいます。そこで同ノウハウとあわせて利用したいのが、VBEに搭載されている誤り発見の専用機能です。VBEのメニューバーの［デバッグ］や、「デバッグ」ツールバー（表示するには［表示］メニューの［ツールバー］→［デバッグ］をクリック）にあるコマンド群です。

VBEのデバッグ機能

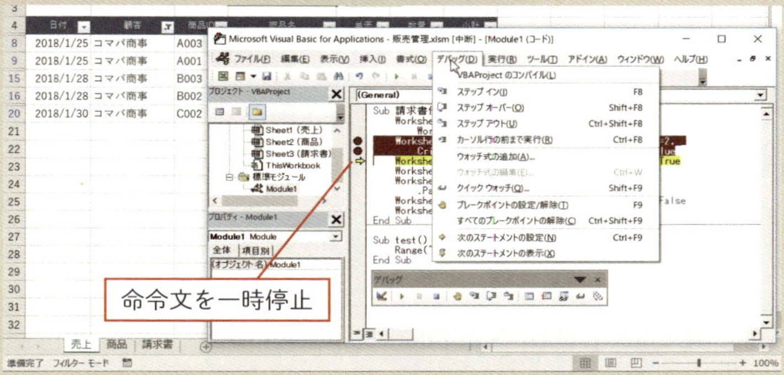

これらの機能を使うと、命令文を一時停止しながら1つずつ実行して、ワークシート上の実行結果を見つつ、処理の流れを追っていけるなど、誤りを発見する作業の大きな助けとなります。プログラムがどう動いているのか、見える化できます。いわば、医者でたとえるなら、レントゲンなどの医療機器や血液検査などの各種検査に該当する機能です。本書では詳しい解説は割愛させていただきますが、ぜひとも使いこなしたい機能です。

なお、一般的にプログラムの誤りを探して修正する行為は専門用語で「デバッグ」と呼ばれます。本コラムで一部を紹介したVBEの機能のように、デバッグ用の機能またはツールは「デバッガ」や「デバッグ機能」と呼ばれます。

Chapter 09

こんな操作をしたらどうなる？

操作次第で発生する論理エラー

記述したプログラムそのものに誤りは一見なくても、操作次第では、意図通りの実行結果が得られないケースも実はあります。たとえば本書サンプルなら右図のように、D2セルが空の状態で請求書を作成すると、Chapter09の02の2つ目のケースのような結果となってしまいます。加えて、存在しない顧客（ワークシート「売上」のB列「顧客」にない顧客）をD2セルに入力して請求書を作成しても、同様の結果となります。一方、存在する顧客をD2セルに入力すると、今まで通りちゃんと作成されます。

このように操作次第で発生する論理エラーもあります。特にプログラムを作った人と使う人（ユーザー）が別の場合、ユーザーは作った人が考えもしなかった操作をしがちであり、そういった操作によって、隠れていた論理エラーが発覚するものです。

実行時エラーも操作次第で発生するものがあります。たとえば、勝手にセルの場所やワークシート名が変更されてしまうと、コード上で指定したセルやワークシートが存在しないことになるので、実行時エラーになってしまいます。

操作次第でこんな論理エラーが起こる

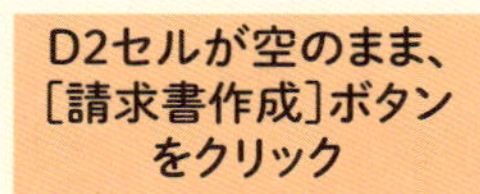

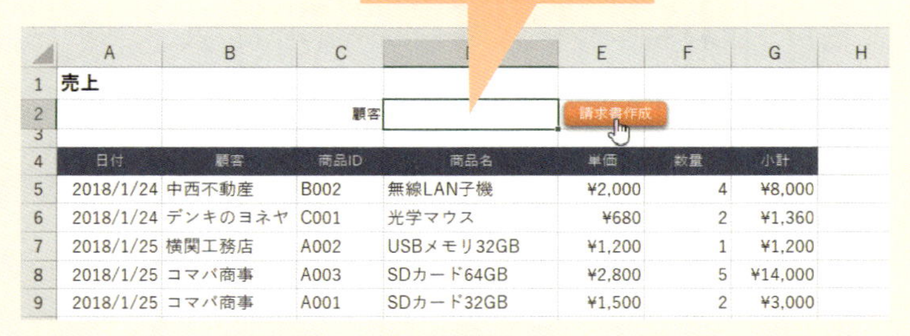

	A	B	C	D	E	F	G
1	売上						
2			顧客		請求書作成		
4	日付	顧客	商品ID	商品名	単価	数量	小計
5	2018/1/24	中西不動産	B002	無線LAN子機	¥2,000	4	¥8,000
6	2018/1/24	デンキのヨネヤ	C001	光学マウス	¥680	2	¥1,360
7	2018/1/25	横関工務店	A002	USBメモリ32GB	¥1,200	1	¥1,200
8	2018/1/25	コマパ商事	A003	SDカード64GB	¥2,800	5	¥14,000
9	2018/1/25	コマパ商事	A001	SDカード32GB	¥1,500	2	¥3,000

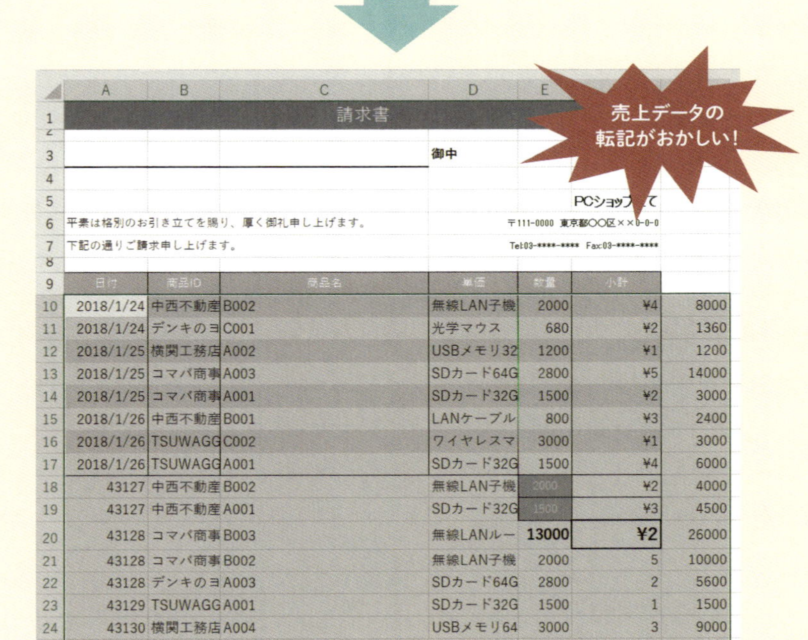

	A	B	C	D	E	F	G
1	請求書						
3				御中			
5					PCショップ		
6	平素は格別のお引き立てを賜り、厚く御礼申し上げます。				〒111-0000 東京都○○区××0-0-0		
7	下記の通りご請求申し上げます。				Tel:03-****-**** Fax:03-****-****		
9	日付	商品ID	商品名	単価	数量	小計	
10	2018/1/24	中西不動産	B002	無線LAN子機	2000	¥4	8000
11	2018/1/24	デンキのヨ	C001	光学マウス	680	¥2	1360
12	2018/1/25	横関工務店	A002	USBメモリ32	1200	¥1	1200
13	2018/1/25	コマパ商事	A003	SDカード64G	2800	¥5	14000
14	2018/1/25	コマパ商事	A001	SDカード32G	1500	¥2	3000
15	2018/1/26	中西不動産	B001	LANケーブル	800	¥3	2400
16	2018/1/26	TSUWAGG	C002	ワイヤレスマ	3000	¥1	3000
17	2018/1/26	TSUWAGG	A001	SDカード32G	1500	¥4	6000
18	43127	中西不動産	B002	無線LAN子機	2000	¥2	4000
19	43127	中西不動産	A001	SDカード32G	1500	¥3	4500
20	43128	コマパ商事	B003	無線LANルー	13000	¥2	26000
21	43128	コマパ商事	B002	無線LAN子機	2000	5	10000
22	43128	デンキのヨ	A003	SDカード64G	2800	2	5600
23	43129	TSUWAGG	A001	SDカード32G	1500	1	1500
24	43130	横関工務店	A004	USBメモリ64	3000	3	9000

Chapter 09

“エラー対策”の処理も欲しいところ

あらゆる操作を想定して対策を

前節で挙げたような、操作次第で発生する論理エラーや実行時エラーに対しても、本来は対策となる処理をプログラムの中に組み込んでおくべきです。どのような操作をされる可能性があるのか、極力モレなく洗い出して、それぞれ対策となる処理を作っていきます。

たとえば、ワークシート「売上」のD2セルが空のまま［請求書作成］ボタンをクリックされてしまうという操作に対してなら、宛名の転記など請求書を作成する命令文の前に、D2セルが空かどうか調べ、もし空なら、「顧客を入力してください」といったメッセージボックスを表示し、ユーザーに入力を促します。あわせて、請求書作成の処理を実行せずに、Subプロシージャ自体を終わらせます。このような処理を対策として盛り込むのです。

上記のエラー対策の処理を作るには、本書では詳しく解説しないVBAの仕組み（Chapter10の章末コラム）を使う必要があるので、今回は割愛させていただきます。

たとえば、こんなエラー対策を作っておく

D2セルが空のまま、
［請求書作成］ボタン
をクリックすると・・・

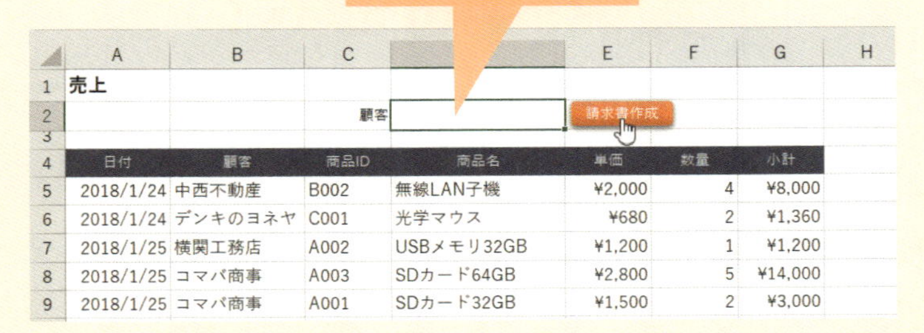

	A	B	C	D	E	F	G	H
1	売上							
2			顧客		請求書作成			
3								
4	日付	顧客	商品ID	商品名	単価	数量	小計	
5	2018/1/24	中西不動産	B002	無線LAN子機	¥2,000	4	¥8,000	
6	2018/1/24	デンキのヨネヤ	C001	光学マウス	¥680	2	¥1,360	
7	2018/1/25	横関工務店	A002	USBメモリ32GB	¥1,200	1	¥1,200	
8	2018/1/25	コマパ商事	A003	SDカード64GB	¥2,800	5	¥14,000	
9	2018/1/25	コマパ商事	A001	SDカード32GB	¥1,500	2	¥3,000	

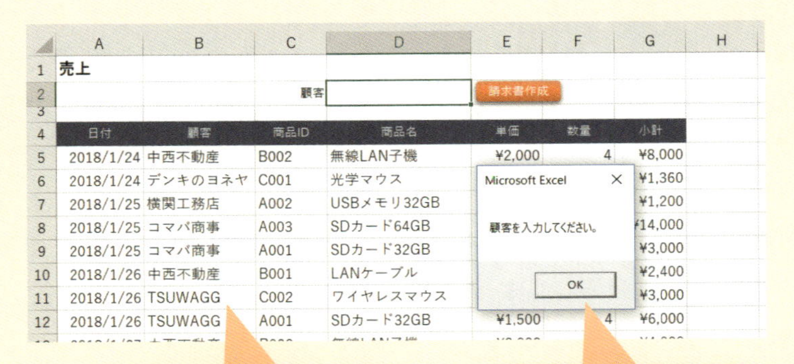

	A	B	C	D	E	F	G	H
1	売上							
2			顧客		請求書作成			
3								
4	日付	顧客	商品ID	商品名	単価	数量	小計	
5	2018/1/24	中西不動産	B002	無線LAN子機	¥2,000	4	¥8,000	
6	2018/1/24	デンキのヨネヤ	C001	光学マウス			¥1,360	
7	2018/1/25	横関工務店	A002	USBメモリ32GB			¥1,200	
8	2018/1/25	コマパ商事	A003	SDカード64GB			14,000	
9	2018/1/25	コマパ商事	A001	SDカード32GB			¥3,000	
10	2018/1/26	中西不動産	B001	LANケーブル			¥2,400	
11	2018/1/26	TSUWAGG	C002	ワイヤレスマウス			¥3,000	
12	2018/1/26	TSUWAGG	A001	SDカード32GB	¥1,500	4	¥6,000	

請求書は作成せず、
処理を終了させる

メッセージボックスを
表示して注意を促す

Chapter 09

ここは命令文の並び順を変えてもOK?

「上から順に実行」を改めて考える

VBAの基本に「命令文は書かれている順番で上から実行されていく」がありました（Chapter03の01、44ページ）。もし、Subプロシージャ「請求書作成」にて、命令文の並び順を変えたらどうなるでしょうか？

たとえば右図上のように、【処理手順4】の売上データをコピーする命令文の前に、【処理手順5】の貼り付ける命令文を移動し、入れ替えたとします。すると、クリップボードに何もコピーされてない状態で貼り付けることになるので、何も転記できず論理エラーとなってしまいます。【処理手順5】はもともと、先に実行された【処理手順4】の結果を受けて実行する命令文なので、並び順を変えてしまうとおかしくなってしまうのです。

次に、右図下のように【処理手順1】の宛名を設定する命令文を、【処理手順7】のフィルター解除の後に移動したとします。すると、意図通りに請求書は作成され、論理エラーは起こりません。宛名を設定する処理は単純に1つのセルを転記するだけであり、他の処理とは関係ない独立した処理なので、命令文をどこに移動しようが問題ないからです。このように並び順を変えても問題ない命令文と、そうでない命令文があります。あたりまえと言えばあたりまえの話ですが、注意しましょう。

並び替えるとNG/OKな例

命令文を並べ替えると論理エラーに

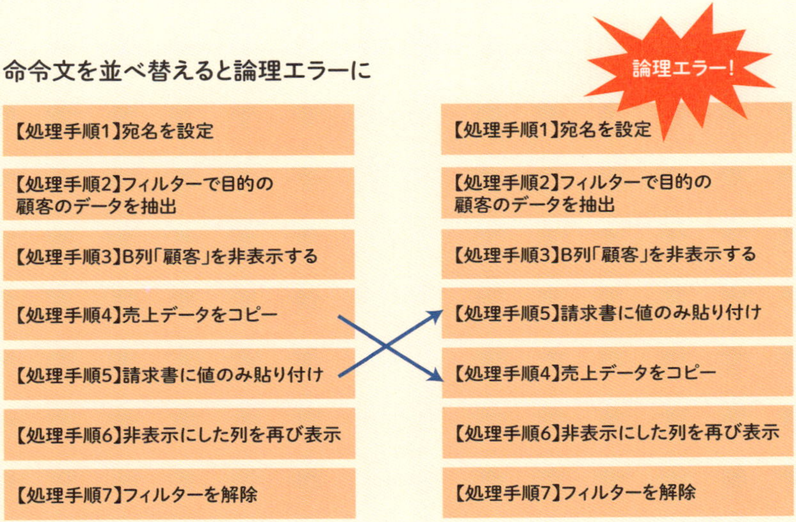

元の順序	並べ替え後
【処理手順1】宛名を設定	【処理手順1】宛名を設定
【処理手順2】フィルターで目的の顧客のデータを抽出	【処理手順2】フィルターで目的の顧客のデータを抽出
【処理手順3】B列「顧客」を非表示する	【処理手順3】B列「顧客」を非表示する
【処理手順4】売上データをコピー	【処理手順5】請求書に値のみ貼り付け
【処理手順5】請求書に値のみ貼り付け	【処理手順4】売上データをコピー
【処理手順6】非表示にした列を再び表示	【処理手順6】非表示にした列を再び表示
【処理手順7】フィルターを解除	【処理手順7】フィルターを解除

論理エラー!

命令文を並べ替えてもOK!

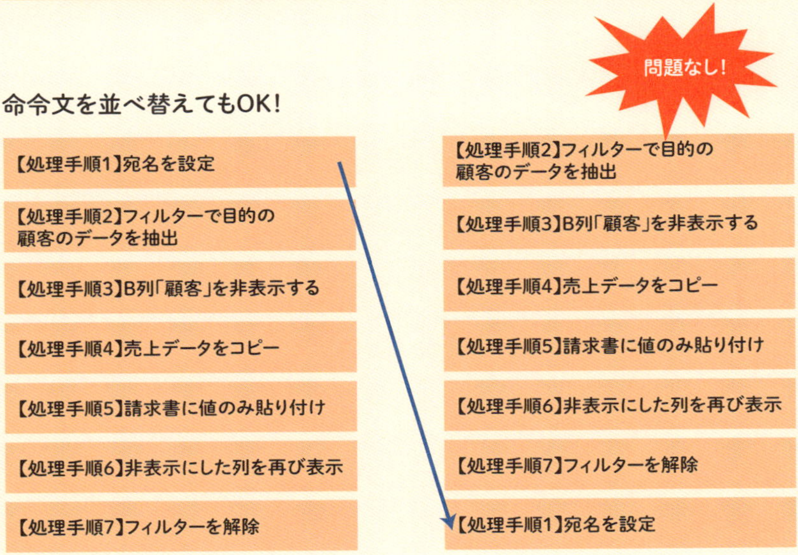

元の順序	並べ替え後
【処理手順1】宛名を設定	【処理手順2】フィルターで目的の顧客のデータを抽出
【処理手順2】フィルターで目的の顧客のデータを抽出	【処理手順3】B列「顧客」を非表示する
【処理手順3】B列「顧客」を非表示する	【処理手順4】売上データをコピー
【処理手順4】売上データをコピー	【処理手順5】請求書に値のみ貼り付け
【処理手順5】請求書に値のみ貼り付け	【処理手順6】非表示にした列を再び表示
【処理手順6】非表示にした列を再び表示	【処理手順7】フィルターを解除
【処理手順7】フィルターを解除	【処理手順1】宛名を設定

問題なし!

メソッドの「戻り値」について

メソッドには引数の他に、「**戻り値**」という仕組みもあります。メソッドの実行結果の値を返す仕組みです。得られた戻り値は以降の処理に用います。たとえば、検索を行うメソッドなら、検索されたセルのオブジェクトを返します。以降の処理では、その検索されたセルに対して、必要な操作等を行います。

戻り値があるかどうか、あるならどのような戻り値なのかは、メソッドの種類ごとに異なります。すべて暗記するのは不可能なので、本やWebを見ながらで問題ありません。また、戻り値があるメソッドでも、戻り値を必ず使わなくても構いません。使うかどうかは、プログラムの処理内容などに応じて決められます。

注意が必要なのが、引数を指定するメソッドで戻り値を使うケースです。戻り値を使う場合、VBAの文法・ルールとして、引数はカッコで囲んで記述しなければならないと決められています。

【書式】

```
オブジェクト.メソッド(引数名1:=値1,引数名2:=値2)
```

戻り値を使う場合は引数をカッコで囲まなければないと、コンパイルエラーになってしまいます。非常にややこしい文法・ルールであり、初心者には難しいので、VBAにある程度慣れた後にチャレンジするとよいでしょう。

なお、戻り値という仕組みは関数にもあります。たとえばSUM関数なら、得られる合計値が戻り値になります。また、関数には引数もあり、SUM関数ならカッコ内に指定する合計対象のセル範囲が引数になります。

実は奥が深い プログラミング

Chapter 10

よく見ると、コードの重複がチラホラ……

重複が多いと記述も変更もタイヘン

Subプロシージャ「請求書作成」のコードをよく見ると、記述が重複している箇所がいくつかあります。「Worksheets("売上")」は7箇所、「Worksheets("請求書")」は3箇所に登場します。

前者は7箇所、後者は3箇所にすべて書くのは、コピペしたとしても、それなりの手間がかかります。その上、もしワークシート「売上」の名前が変更されることになったら、7箇所ある「Worksheets("売上")」の「売上」をすべて書き換える必要があり、多くの手間を要するでしょう。しかも、ミスの恐れもつきまといます。ワークシート「請求書」についても同様です。このような問題は、どう解決すればよいのでしょうか？

なお、VBEには置換機能もあるのですが、一括置換は“諸刃の剣”です。同じアルファベットの並びを含むが、異なる語句が登場するコードの場合、置換してほしくない箇所まで一括置換されてしまい、プログラムが壊れてしまう恐れがあります。一括置換は他と完全に異なる語句以外は使わない方が無難です。

こんなにも重複している！

```
Sub 請求書作成()
  Worksheets("請求書").Range("A3").Value = _
          Worksheets("売上").Range("D2").Value
  Worksheets("売上").Range("A4").AutoFilter Field:=2, _
    Criteria1:=Worksheets("売上").Range("D2").Value
  Worksheets("売上").Range("B4").Columns.Hidden = True
  Worksheets("請求書").Range("A10:F17").ClearContents
  Worksheets("売上").Range("A5:G20").Copy
  Worksheets("請求書").Range("A10") _
       .PasteSpecialPaste:=xlPasteValues
  Worksheets("売上").Range("B4").Columns.Hidden = False
  Worksheets("売上").Range("A4").AutoFilter
End Sub
```

Worksheets("請求書") —— 3箇所

Worksheets("売上") ——— 7箇所

記述がメンドウ　変更がメンドウ　ミスの恐れ

Chapter 10

コードの重複を解消するには

重複箇所を1つにまとめる

前節で提示したコードの重複の問題を解決する方法は、重複している部分を1つにまとめることです。具体的にどういう方法なのか、順に見ていきましょう。

VBAには、コードをまとめる手段がいくつか用意されています。本書では**Withステートメント**を使った手段を紹介します。**ステートメント**とは、日本語では**構文**または**文**などと呼ばれ、複数行のコードで構成される命令文になります。VBAにはステートメントは何種類かあり、その1つがWithステートメントです。オブジェクトの記述をまとめるためのステートメントです。書式は次の通りです。

【書式】

```
With オブジェクト
    .プロパティやメソッド
        :
        :
End With
```

「With」の後ろに半角スペースを空け、まとめたいオブジェクトを記述します。すると、Withステートメントの中（「With」から「End

With」までの間）は、そのオブジェクトの記述を省略できます。具体的には、オブジェクトを除き、「.」から始まり、プロパティやメソッドだけを書くことができます。また、Withステートメントの中はインデントなしでも問題ありませんが、見やすくなるので通常はインデントします。

このようにオブジェクトの記述を1箇所にまとめられるため、変更が必要になっても書き換えるのは1箇所だけで済むため、前節で挙げた問題はすべて解決できます。

Withステートメントでまとめる

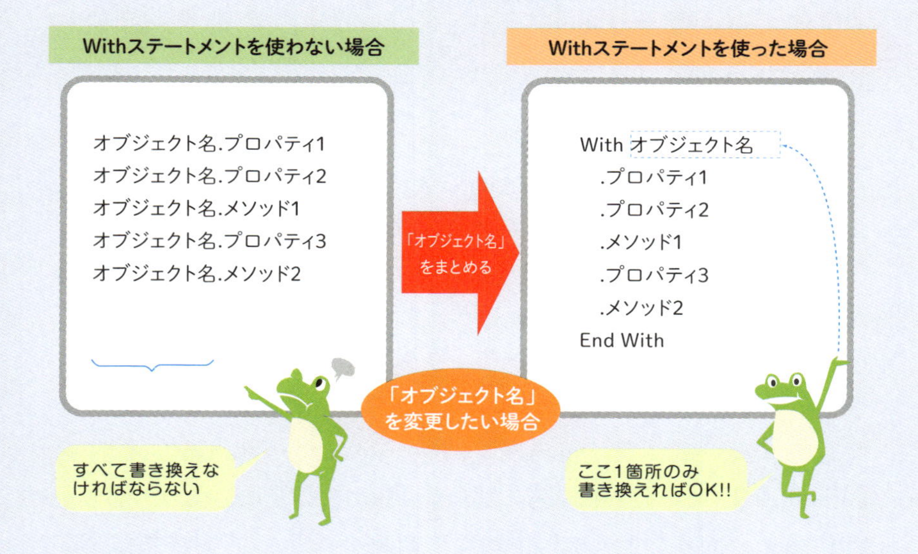

Withステートメントはこう使う

ここでWithステートメントの簡単な例を挙げましょう。次のように2つの命令文があるとします。

```
Range("A1").Value = 1
Range("A1").Copy
```

これらの命令文では、「Range("A1")」の部分が重複しています。Withステートメントでまとめると次のようになります。

```
With Range("A1")
    .Value = 1
    .Copy
End With
```

Withステートメントで「Range("A1")」の部分をまとめました。それによって、Withステートメントの中では、1つ目の命令文は「Range("A1")」をのぞいた「.Value = 1」と、Valueプロパティ以降だけ書けば済むようになりました。2つ目の命令文は「.Copy」と、Copyメソッドだけになりました。ともに冒頭の「.」を忘れるとエラーになるので注意しましょう。イメージとしては、1つ目の命令文なら「Range("A1").Value = 1」が「.」の前で「Range("A1")」と「.Value = 1」に分割され、前の部分が「With」の横に、後ろの部分がWithステートメントの中に移動したと言えます。2つ目の命令文なら、「Range("A1")」と「.Copy」に分割・移動したと言えます。

これで「Range("A1")」をまとめられました。もし、操作対象のセルをA1セルから変更したい場合、まとめる前は2箇所ある「A1」をすべて書き換えなければなりません。Withステートメントでまとめることで、書き換えるのは1箇所だけで済むようになりました。このメリットは重複箇所の数が多いほど大きくなります。

親オブジェクトもまとめられる

Withステートメントはさらに、親子関係（階層構造）になっているオブジェクトにて、親オブジェクトをまとめることもできます。「.」に続けて子オブジェクト以降を書きます。

【書式】

```
With 親オブジェクト
    .子オブジェクト.プロパティやメソッド
        :
        :
End With
```

例を挙げましょう。次のような2つの命令文があるとします。

```
Worksheets("Sheet1").Range("A1").Value = 1
Worksheets("Sheet1").Range("B2").Value = 2
```

親オブジェクトである「Worksheets("Sheet1")」の部分が重複しています。これをWithステートメントでまとめると次のようになります。

```
With Worksheets("Sheet1")
    .Range("A1").Value = 1
    .Range("B2").Value = 2
End With
```

Withステートメントの中では、「.Range("A1") ～」や「.Range("B2") ～」と、セルのオブジェクト以降だけを書けばよくなりました。こちらも冒頭の「.」を忘れないよう注意してください。

ワークシート「売上」のオブジェクトをまとめよう

Withステートメントを学んだところで、さっそくSubプロシージャ「請求書作成」に使ってみましょう。ここでは7箇所ある「Worksheets("売上")」をまとめるとします。最初の【処理手順1】の命令文なら、以下になります。

変更前

```
Worksheets("請求書").Range("A3").Value = _
    Worksheets("売上").Range("D2").Value
```

変更後

```
With Worksheets("売上")
    Worksheets("請求書").Range("A3").Value = _
        .Range("D2").Value
End With
```

「=」の右辺にある「Worksheets("売上")」が、「With」の後ろにまとめられることになります。「Worksheets("売上")」を除いた残りのコードが、Withステートメントの中に入ることになります。「=」の右辺は「Worksheets("売上")」がなくなったことで、「.」から始まります。

【処理手順2】以降の命令文も同様に「Worksheets("売上")」をすべてまとめると、以下になります。

```
Sub 請求書作成()
    With Worksheets("売上")
        Worksheets("請求書").Range("A3").Value = _
            .Range("D2").Value
        .Range("A4").AutoFilter Field:=2, _
            Criteria1:=.Range("D2").Value
```

```
        .Range("B4").Columns.Hidden = True
        Worksheets("請求書").Range("A10:F17").ClearContents
        .Range("A5:G20").Copy
        Worksheets("請求書").Range("A10") _
            .PasteSpecial Paste:=xlPasteValues
        .Range("B4").Columns.Hidden = False
        .Range("A4").AutoFilter
    End With
End Sub
```

「Worksheets("売上")」を記述すればよいのはたった1箇所だけになり、ずいぶんラクになりました。そして、もしワークシート「売上」の名前を変更することになっても、書き換えるのは1箇所のみで済みます。ミスの恐れもそのぶん大幅に減るでしょう。

このようにWithステートメントによって、コードの重複の問題を解消できました。コードの見た目もまとめる前に比べて、ずいぶんスッキリしました。

「Worksheets("請求書")」もまとめたいが……

同様の手段によって、3箇所ある「Worksheets("請求書")」もまとめたいところですが、残念ながらそれは不可能です。なぜなら、Withステートメントでまとめられるのは、1つの命令文につき1つのオブジェクトだけというルールになっているからです。

「Worksheets("請求書")」もまとめるには、別の手段を用いなければなりません。その手段は本書では詳しく学ばないVBAの仕組みを使うので、解説は割愛させていただきます。本章末コラムにイメージのみを提示しておきます。

Chapter 10

後で売上データが増えたらメンドウなことに？

売上データが増えたら書き換える

Subプロシージャ「請求書作成」には、論理エラーの恐れでもコードの重複でもないのですが、改善の余地がまだ残されています。

【処理手順4】の命令文に注目してください。ワークシート「売上」にて目的の顧客で抽出した売上データをクリップボードにコピーする処理です。コードを見ると、Rangeのカッコ内には「"A5:G20"」と記述しています。これはコピー元のセル範囲にA5 ～ G20セルを指定していることになります。このA5 ～ G20 セルは売上データ全体のセル範囲でした。言い換えると、売上データが入力されているセル範囲になります。

ここで、売上データが5件増えたと仮定します。すると、売上データ全体のセル範囲は元のA5 ～ G20セルから5行ぶん増え、A5 ～ G25セルに変わります。そうなると、Rangeのカッコ内を「"A5:G20"」から「"A5:G25"」に書き換えなければなりません。

以降も売上データが増える度にいちいち書き換えなければならず、非常にメンドウです。この問題は売上データが減った場合も同様です。何か良い解決策はないのでしょうか？

増えたぶん行を書き換える

もし、売上データが5件増えたら・・・

	A	B	C	D	E	F	G
1	売上						
2			顧客	コマバ商事	請求書作成		
3							
4	日付	顧客	商品ID	商品名	単価	数量	小計
5	2018/1/24	中西不動産	B002	無線LAN子機	¥2,000	4	¥8,000
6	2018/1/24	デンキのヨネヤ	C001	光学マウス	¥680	2	¥1,360
7	2018/1/25	横関工務店	A002	USBメモリ32GB	¥1,200	1	¥1,200
8	2018/1/25	コマバ商事	A003	SDカード64GB	¥2,800	5	¥14,000
9	2018/1/25	コマバ商事	A001	SDカード32GB	¥1,500	2	¥3,000
10	2018/1/26	中西不動産	B001	LANケーブル	¥800	3	¥2,400
11	2018/1/26	TSUWAGG	C002	ワイヤレスマウス	¥3,000	1	¥3,000
12	2018/1/26	TSUWAGG	A001	SDカード32GB	¥1,500	4	¥6,000
13	2018/1/27	中西不動産	B002	無線LAN子機	¥2,000	2	¥4,000
14	2018/1/27	中西不動産	A001	SDカード32GB	¥1,500	3	¥4,500
15	2018/1/28	コマバ商事	B003	無線LANルータ	¥13,000	2	¥26,000
16	2018/1/28	コマバ商事	B002	無線LAN子機	¥2,000	5	¥10,000
17	2018/1/28	デンキのヨネヤ	A003	SDカード64GB	¥2,800	2	¥5,600
18	2018/1/29	TSUWAGG	A001	SDカード32GB	¥1,500	1	¥1,500
19	2018/1/30	横関工務店	A004	USBメモリ64GB	¥3,000	3	¥9,000
20	2018/1/30	コマバ商事	C002	ワイヤレスマウス	¥3,000	1	¥3,000
21	2018/1/31	デンキのヨネヤ	B001	LANケーブル	¥800	4	¥3,200
22	2018/1/31	TSUWAGG	A004	USBメモリ64GB	¥3,000	1	¥3,000
23	2018/1/31	中西不動産	A003	SDカード64GB	¥2,800	3	¥8,400
24	2018/2/1	横関工務店	A001	SDカード32GB	¥1,500	4	¥6,000
25	2018/2/1	横関工務店	B002	無線LAN子機	¥2,000	2	¥4,000

売上　商品　請求書

増えた（行21～25）

```
Worksheets("売上").Range("A5:G20").Copy
```

↓

```
Worksheets("売上").Range("A5:G25").Copy
```

増えた行にあわえて書き換え！

売上データが増える度に書き換えるのは、メンドウすぎる・・・

Chapter 10

売上データの増減には どう対応する？

売上データ増減に自動対応できる

前節で提示した売上データ増減の問題に対しては、今のコードを改善すれば、増減があってもコードを一切変更することなく、自動で対応可能となります。

具体的な手段は何通りかありますが、ここでは2つ紹介します。ともに詳しい解説や具体的なコードは割愛させていただきますが、概略のみ右図の通り紹介します。1つ目の手段は、ショートカットキーのCtrl+*の機能をVBAで利用するものです。売上データ全体のセル範囲を自動で選択できます。

2つ目の手段は、ショートカットキーのCtrl+↓キーの機能をVBAで利用するものです。売上データ全体のセル範囲における末尾の行のセルを自動で取得できます。これらExcelの便利な各種機能にはすべて、該当するプロパティやメソッドがそれぞれ用意されているので、VBAで操作が可能です。

VBAではこのように、目的の実行結果を得られるだけでなく、データ増減などの変化により対応しやすいコードを書くことも求められます。

増減に自動対応する２通りの手段

ショートカットキーの機能をVBAで操作して売上データの増減に自動対応

4	日付	顧客	商品ID	商品名	単価	数量	小計
5	2018/1/24	中西不動産	B002	無線LAN子機	¥2,000	4	¥8,000
6	2018/1/24	デンキのヨネヤ	C001	光学マウス	¥680	2	¥1,360
7	2018/1/25	横関工務店	A002	USBメモリ32GB	¥1,200	1	¥1,200
8	2018/1/25	コマバ商事	A003	SDカード64GB	¥2,800	5	¥14,000
9	2018/1/25	コマバ商事	A001	SDカード32GB	¥1,500	2	¥3,000
10	2018/1/26	中西不動産	B001	LANケーブル	¥800	3	¥2,400
11	2018/1/26	TSUWAGG	C002	ワイヤレスマウス	¥3,000	1	¥3,000
12	2018/1/26	TSUWAGG	A001	SDカード32GB	¥1,500	4	¥6,000
13	2018/1/27	中西不動産	B002	無線LAN子機	¥2,000	2	¥4,000
14	2018/1/27	中西不動産	A001	SDカード32GB	¥1,500	3	¥4,500
15	2018/1/28	コマバ商事	B003	無線LANルータ	¥13,000	2	¥26,000
16	2018/1/28	コマバ商事	B002	無線LAN子機	¥2,000	5	¥10,000
17	2018/1/28	デンキのヨネヤ	A003	SDカード64GB	¥2,800	2	¥5,600
18	2018/1/29	TSUWAGG	A001	SDカード32GB	¥1,500	1	¥1,500
19	2018/1/30	横関工務店	A004	USBメモリ64GB	¥3,000	3	¥9,000
20	2018/1/30	コマバ商事	C002	ワイヤレスマウス	¥3,000	1	¥3,000
21	2018/1/31	デンキのヨネヤ	B001	LANケーブル	¥800	4	¥3,200
22	2018/1/31	TSUWAGG	A004	USBメモリ64GB	¥3,000	1	¥3,000
23	2018/1/31	中西不動産	A003	SDカード64GB	¥2,800	3	¥8,400
24	2018/2/1	横関工務店	A001	SDカード32GB	¥1,500	4	¥6,000
25	2018/2/1	横関工務店	B002	無線LAN子機	¥2,000	2	¥4,000

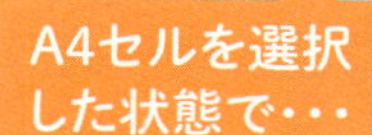
A4セルを選択
した状態で・・・

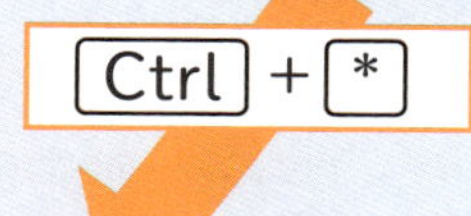
Ctrl + *

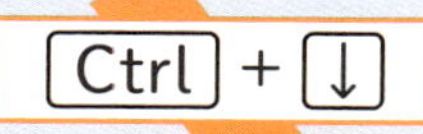
Ctrl + ↓

4	日付	顧客	商品ID	商品名	単価	数量	小計
5	2018/1/24	中西不動産	B002	無線LAN子機	¥2,000	4	¥8,000
6	2018/1/24	デンキのヨネヤ	C001	光学マウス	¥680	2	¥1,360
7	2018/1/25	横関工務店	A002	USBメモリ32GB	¥1,200	1	¥1,200
8	2018/1/25	コマバ商事	A003	SDカード64GB	¥2,800	5	¥14,000
9	2018/1/25	コマバ商事	A001	SDカード32GB	¥1,500	2	¥3,000
10	2018/1/26	中西不動産	B001	LANケーブル	¥800	3	¥2,400
11	2018/1/26	TSUWAGG	C002	ワイヤレスマウス	¥3,000	1	¥3,000
12	2018/1/26	TSUWAGG	A001	SDカード32GB	¥1,500	4	¥6,000
13	2018/1/27	中西不動産	B002	無線LAN子機	¥2,000	2	¥4,000
14	2018/1/27	中西不動産	A001	SDカード32GB	¥1,500	3	¥4,500
15	2018/1/28	コマバ商事	B003	無線LANルータ	¥13,000	2	¥26,000
16	2018/1/28	コマバ商事	B002	無線LAN子機	¥2,000	5	¥10,000
17	2018/1/28	デンキのヨネヤ	A003	SDカード64GB	¥2,800	2	¥5,600
18	2018/1/29	TSUWAGG	A001	SDカード32GB	¥1,500	1	¥1,500
19	2018/1/30	横関工務店	A004	USBメモリ64GB	¥3,000	3	¥9,000
20	2018/1/30	コマバ商事	C002	ワイヤレスマウス	¥3,000	1	¥3,000
21	2018/1/31	デンキのヨネヤ	B001	LANケーブル	¥800	4	¥3,200
22	2018/1/31	TSUWAGG	A004	USBメモリ64GB	¥3,000	1	¥3,000
23	2018/1/31	中西不動産	A003	SDカード64GB	¥2,800	3	¥8,400
24	2018/2/1	横関工務店	A001	SDカード32GB	¥1,500	4	¥6,000
25	2018/2/1	横関工務店	B002	無線LAN子機	¥2,000	2	¥4,000

4	日付	顧客	商品ID	商品名	単価	数量	小計
5	2018/1/24	中西不動産	B002	無線LAN子機	¥2,000	4	¥8,000
6	2018/1/24	デンキのヨネヤ	C001	光学マウス	¥680	2	¥1,360
7	2018/1/25	横関工務店	A002	USBメモリ32GB	¥1,200	1	¥1,200
8	2018/1/25	コマバ商事	A003	SDカード64GB	¥2,800	5	¥14,000
9	2018/1/25	コマバ商事	A001	SDカード32GB	¥1,500	2	¥3,000
10	2018/1/26	中西不動産	B001	LANケーブル	¥800	3	¥2,400
11	2018/1/26	TSUWAGG	C002	ワイヤレスマウス	¥3,000	1	¥3,000
12	2018/1/26	TSUWAGG	A001	SDカード32GB	¥1,500	4	¥6,000
13	2018/1/27	中西不動産	B002	無線LAN子機	¥2,000	2	¥4,000
14	2018/1/27	中西不動産	A001	SDカード32GB	¥1,500	3	¥4,500
15	2018/1/28	コマバ商事	B003	無線LANルータ	¥13,000	2	¥26,000
16	2018/1/28	コマバ商事	B002	無線LAN子機	¥2,000	5	¥10,000
17	2018/1/28	デンキのヨネヤ	A003	SDカード64GB	¥2,800	2	¥5,600
18	2018/1/29	TSUWAGG	A001	SDカード32GB	¥1,500	1	¥1,500
19	2018/1/30	横関工務店	A004	USBメモリ64GB	¥3,000	3	¥9,000
20	2018/1/30	コマバ商事	C002	ワイヤレスマウス	¥3,000	1	¥3,000
21	2018/1/31	デンキのヨネヤ	B001	LANケーブル	¥800	4	¥3,200
22	2018/1/31	TSUWAGG	A004	USBメモリ64GB	¥3,000	1	¥3,000
23	2018/1/31	中西不動産	A003	SDカード64GB	¥2,800	3	¥8,400
24	2018/2/1	横関工務店	A001	SDカード32GB	¥1,500	4	¥6,000
25	2018/2/1	横関工務店	B002	無線LAN子機	¥2,000	2	¥4,000

表全体が自動で選択される

同じ列で表の末尾にあるセルが自動で選択される

この機能を
VBAで利用！

この機能を
VBAで利用！

Chapter 10

他にこんな機能も欲しいところ

機能追加でもっと便利に！

本書のサンプルであるブック「販売管理.xlsm」、請求書を自動で作成するマクロのプログラムであるSubプロシージャ「請求書作成」は、機能としては前章で完成です。この後もさまざまな機能を追加していけば、より幅広い操作を自動化でき、さらに便利なマクロになり、業務効率化などにより貢献できるでしょう。追加機能の一例を右ページの図に紹介します。他にも読者の皆さん自身のアイディア次第で、もっともっと便利にできるでしょう。

また、前節までに重複解消や変化への自動対応など、コードの改善をいくつか紹介しましたが、他にもさまざまなアプローチで改善できます。さらに改善していけば、便利さがもっと増すでしょう。

コメントのコラム（155ページ）でも触れましたが、プログラムは一度作ったら終わりではありません。機能追加やコードの改善などを随時行い、どんどん進化させましょう。

たとえばこんな機能を追加

作成した請求書を別の
ワークシートに保存

印刷の自動化

複数の顧客を
連続して処理

Chapter 10

VBAを使わなくても済むなら使わない

本当に必要な部分にのみVBAを使おう

機能の追加の際に注意していただきたいのが、「VBAを使わなくても済むなら使わない」です。このことは機能追加のみならず、マクロをゼロから作成する際にも共通する注意点です。

たとえば本書サンプル「販売管理.xlsm」では、請求書はあらかじめワークシート「請求書」にひな形を用意しています。その中では、必要な文言を入力しておいたり、フォントのサイズや罫線などの書式を設定したりして、レイアウトをあらかじめ作り込んであります。合計や消費税や請求金額のセルには、必要な数式や関数をあらかじめ入力してあります。これらはVBAで設定/入力しようと思えばできるのですが、あらかじめ設定/入力しておけば済むものばかりです。

わざわざVBAを使わなくても済むなら、使わない方がプログラムを記述しなくて済むので、目的の機能をより少ない時間と労力で作成できます。Excelには関数、「条件付き書式」、「データの入力規則」をはじめ、強力な機能がたくさんあるので、それらを有効活用しつつ、VBAはVBAでしか作れない機能だけに使うようにしましょう。VBAはあくまでも、Excelの作業を効率化し、かつ、ミスを最小化するための手段の一つなのですから。

VBAでなければできない機能だけに使う

「Worksheets("請求書")」もまとめる手段

Chapter10の02の最後に触れた、「Worksheets("売上")」も「Worksheets("請求書")」も記述まとめる手段のイメージは次の図の通りです。何となくでよいので把握しておくとよいでしょう。図に登場する"ハコ"については、272ページで概略のみ紹介します。

1.まずはワークシートのオブジェクトをそれぞれ"ハコ"に入れる。各ハコには名前を付ける

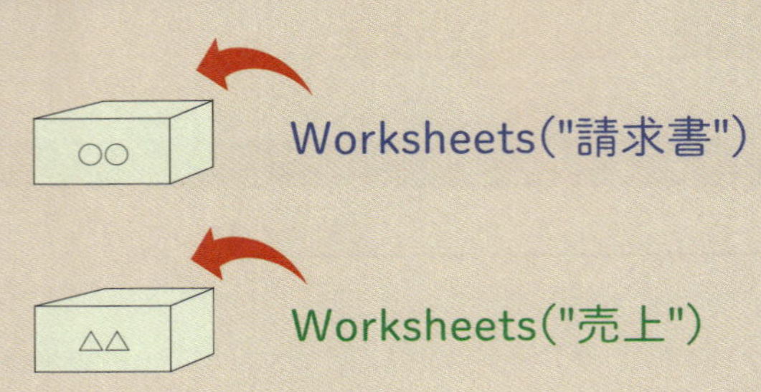

2.ワークシートのオブジェクトの部分をすべて"ハコ"の名前に置き換える

```
Worksheets("請求書").Range("A3").Value = _
    Worksheets("売上").Range("D2").Value
```

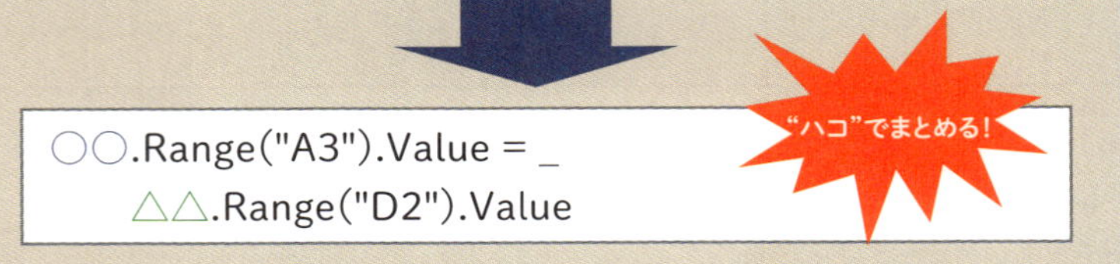

VBAはもっといろんなことができる

VBAは本書で解説した以外にも、さまざまなことができます。本コラムでは、それらの中から代表的なものとして、以下の仕組みを概略のみ紹介します。

・分岐と繰り返し
・変数
・VBA関数
・フォーム

◆分岐と繰り返し

本書ではこれまで何度も「VBAの命令文は記述した順に上から実行される」と述べてきました。このような処理の流れは専門用語で「**順次**」と呼ばれます。処理の流れは順次に加え、「**分岐**」と「**繰り返し**」もあります。

分岐は次の図のように、条件に応じて異なる処理を実行できる仕組みです。途中で分かれる処理の流れになります。分岐を利用すれば、たとえばChapter09の08（248ページ）で触れた「もしD2セルが空ならメッセージボックスを表示する」などの機能が作れるようになります。

繰り返しは図のように、同じ処理を何度も繰り返して実行できる仕組みです。途中で戻る処理の流れになります。大量のセルやワークシートを順にまとめて処理したい場合などに重宝します。分岐も繰り返しも、それぞれ専用のステートメントが何種類か用意されています。

分岐と繰り返し

分岐

条件
成立する
成立しない
成立時の処理
不成立時の処理

ステートメントのイメージ
もし　～　なら
○○
そうでなければ
××
条件
成立時の処理
不成立時の処理

繰り返し

ステートメントのイメージ

同じ命令文を繰り返し実行!

命令文

5 回繰り返す

命令文

✦変数

変数は処理の流れの中で、数値や文字列などのデータを扱うための仕組みです。イメージはデータを入れる"ハコ"です。"ハコ"にデータを入れ、値を増減させるなど中身を途中で変更しつつ処理に用います。

たとえば、セルの転記元/先の行番号をそれぞれ変数で処理するようにすれば、「10行おきに転記する」など、より複雑な転記が可能になります。また、P270のコラムで紹介したように、オブジェクトの記述をまとめる用途にも応用できます。

変数は初心者にとって少々難しく、実際に使ってみないとなかなかピンとこない仕組みなのですが、使えるようになれば、作ることができる機能の幅がグッと広がります。

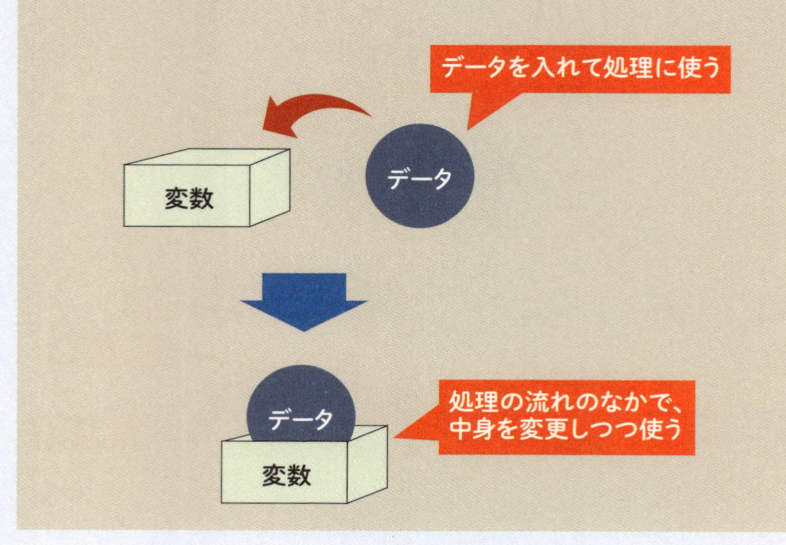

✦VBA関数

　Excelで関数といえば、SUM関数やVLOOKUP関数などを思い浮かべるでしょう。VBA関数は“関数のVBA版”というイメージです。複雑な処理でも、VBA関数を1つ書くだけでできてしまいます。SUM関数などはセルの中などワークシート上に記述しますが、VBA関数はVBE上にてSubプロシージャの中に記述して使うことになります。

　VBA関数にはさまざまな種類がありますが、次の図の3つのカテゴリが中心です。また、Chapter05の06（92ページ）ではメッセージボックスを表示するMsgBoxを使いましたが、実はVBA関数の一種です。

VBA関数

材料 → VBA関数  結果

こんなVBA関数がある！

●数値処理
- 整数部分だけ取り出す
- 指定した桁で切り下げる etc.

●文字列処理
- 置換する
- ひらがなをカタカナに変換する etc.

●日付・時刻処理
- 2つの日付の間隔を求める
- 現在の時刻を取得する etc.

●その他
- メッセージボックスを表示する etc.

✦ユーザーフォーム

「ユーザーフォーム」は主にデータ入力に用いる画面です。ブックとは別の独立したウィンドウ上に、テキストボックスやボタンやチェックボックスなどのパーツを配置して作成します。セルへデータを入力する際、データの種類に応じてチェックボックスなど最適な方法で入力できるようになるので、入力作業の効率と精度をアップできます。

ユーザーフォームの作成はVBEで行います。どのパーツをどの大きさでどこに配置するのかなど、見た目を作成する作業はドラッグによって視覚的に行えます。そして、たとえばボタンをクリックしたらセルにデータを入力するなど、配置したパーツを操作した際に実行したい処理のプログラムをVBAで記述します。

フォームの例

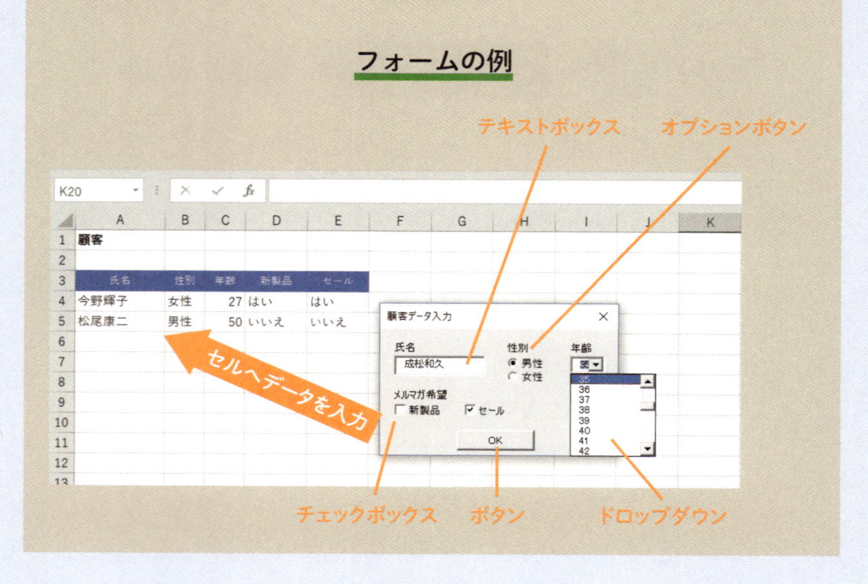

おわりに

いかがでしたか？　サンプル「販売管理」で請求書を作成するプログラムの作成を通じて、Excel VBAの基礎の基礎（プログラミングの“幹”）は身に付けられたでしょうか？　何度も繰り返しますが、文法・ルールは無理に暗記する必要はなく、本やWebを見ながらで全く問題ありません。「段階的に作り上げていく」に代表されるノウハウを優先して身に付けましょう。

「はじめに」でも申し上げましたが、本書は学習範囲を思い切って絞っています。分岐をはじめとする巻末コラムで紹介した仕組みなどの“枝”は、本書続編の『図解！　Excel VBAのツボとコツがゼッタイにわかる本　プログラミング編』（仮）（発売予定）などで学んでください。それ以上の知識は他の本やWebで“葉”を広げてください。

読者のみなさんのExcel VBA習得や仕事の効率化に、本書が少しでもお役に立てれば幸いです。

索引

記号

【A】

【C】

【F】

【H】

【あ】

【い】

著者略歴

立山　秀利（たてやま　ひでとし）

フリーライター。1970年生まれ。
Microsoft MVP（Most Valuable Professional）アワード Excel カテゴリを 2015年から連続受賞。
筑波大学卒業後、株式会社デンソーでカーナビゲーションのソフトウェア開発に携わる。
退社後、Web プロデュース業を経て、フリーライターとして独立。現在はシステムやネットワーク、Microsoft Office を中心に PC 誌等で執筆中。著書に『Excel VBA のプログラミングのツボとコツがゼッタイにわかる本』『VLOOKUP 関数のツボとコツがゼッタイにわかる本』（秀和システム）、『入門者の Excel VBA』『実例で学ぶ Excel VBA』『入門者の JavaScript』（いずれも講談社）、Excel や Access 関連の下記書籍（いずれも秀和システム）がある。

Excel VBA セミナーも開催している。
セミナー情報 http://tatehide.com/seminar.html

・Excel 関連書籍

『Excel VBA で Access を操作するツボとコツがゼッタイにわかる本』
『Excel VBA のプログラミングのツボとコツがゼッタイにわかる本』
『続 Excel VBA のプログラミングのツボとコツがゼッタイにわかる本』
『続々 Excel VBA のプログラミングのツボとコツがゼッタイにわかる本』
『Excel 関数の使い方のツボとコツがゼッタイにわかる本』
『デバッグ力でスキルアップ！ Excel VBA のプログラミングのツボとコツがゼッタイにわかる本』
『VLOOKUP 関数のツボとコツがゼッタイにわかる本』

・Access 関連書籍

『Access のデータベースのツボとコツがゼッタイにわかる本 2013/2010 対応』
『Access マクロ &VBA のプログラミングのツボとコツがゼッタイにわかる本』

カバーイラスト　mammoth.

図解！Excel VBAのツボとコツがゼッタイにわかる本　“超”入門編

発行日　2018年　4月　3日　第1版第1刷
　　　　2020年　9月 15日　第1版第5刷

著　者　立山　秀利

発行者　斉藤　和邦
発行所　株式会社　秀和システム
〒135-0016
東京都江東区東陽2-4-2　新宮ビル2F
Tel 03-6264-3105（販売）　Fax 03-6264-3094
印刷所　三松堂印刷株式会社

ISBN978-4-7980-5370-7 C3055